Imagine Infinite!

창의영재수학

아이앤아이

영재들의
수학여행

중급
초등 4~6학년
Ⓑ
도형
미국 서부편

창의영재수학

아이 앤 아이

영재들의 수학여행
Math Travel

01 수학 여행 테마로 수학 사고력 활동을 자연스럽게 이어갈 수 있도록 하였습니다.

02 키즈 – 입문 – 초급 – 중급 – 고급으로 이어지는 단계별 창의 영재 수학 학습 시리즈입니다.

03 각 챕터마다 기초 – 심화 – 응용의 문제 배치로 쉬운 것부터 차근차 근 문제해결력을 향상시킵니다.

04 각종 수학 사고력, 창의력 문제, 지능검사 문제, 대회 기출 문제 등을 체계적으로 정밀하게 다듬어 정리하였습니다.

05 과학, 음악, 미술, 영화, 스포츠 등에 관련된 융합형(STEAM) 수학 문제를 흥미롭게 다루었습니다.

06 단계적으로 창의적 문제해결력을 향상시켜 영재교육원에 도전해 보 세요.

창의영재가 되어볼까?

교재 구성

	A (수)	B (연산)	C (도형)	D (측정)	E (규칙)	F (문제해결력)	G (워크북)
키즈 (6세 7세 초1)	수와 숫자 수 비교하기 수 규칙 수 퍼즐	가르기와 모으기 덧셈과 뺄셈 식 만들기 연산 퍼즐	평면도형 입체도형 위치와 방향 도형 퍼즐	길이와 무게 비교 넓이와 들이 비교 시계와 시간 부분과 전체	패턴 이중 패턴 관계 규칙 여러 가지 규칙	모든 경우 구하기 분류하기 표와 그래프 추론하기	수 연산 도형 측정 규칙 문제해결력

	A (수와 연산)	B (도형)	C (측정)	D (규칙)	E (자료와 가능성)	F (문제해결력)	G (워크북)
입문 (초1~3)	수와 숫자 조건에 맞는 수 수의 크기 비교 합과 차 식 만들기 벌레 먹은 셈	평면도형 입체도형 모양 찾기 도형 나누기와 움직이기 쌓기나무	길이 비교 길이 재기 넓이와 들이 비교 무게 비교 시계와 달력	수 규칙 여러 가지 패턴 수 배열표 암호 새로운 연산 기호	경우의 수 리그와 토너먼트 분류하기 그림 그려 해결하기 표와 그래프	문제 만들기 주고 받기 어떤 수 구하기 재치있게 풀기 추론하기 미로와 퍼즐	수와 연산 도형 측정 규칙 자료와 가능성 문제해결력

	A (수와 연산)	B (도형)	C (측정)	D (규칙)	E (자료와 가능성)	F (문제해결력)
초급 (초3~5)	수 만들기 수와 숫자의 개수 연속하는 자연수 가장 크게, 가장 작게 도형이 나타내는 수 마방진	색종이 접어 자르기 도형 붙이기 도형의 개수 쌓기나무 주사위	길이와 무게 재기 시간과 들이 재기 덮기와 넓이 도형의 둘레 원	수 패턴 도형 패턴 수 배열표 새로운 연산 기호 규칙 찾아 해결하기	가짓수 구하기 리그와 토너먼트 금액 만들기 가장 빠른 길 찾기 표와 그래프(평균)	한붓 그리기 논리 추리 성냥개비 다른 방법으로 풀기 간격 문제 배수의 활용

	A (수와 연산)	B (도형)	C (측정)	D (규칙)	E (자료와 가능성)	F (문제해결력)
중급 (초4~6)	복면산 수와 숫자의 개수 연속하는 자연수 수와 식 만들기 크기가 같은 분수 여러 가지 마방진	도형 나누기 도형 붙이기 도형의 개수 기하판 정육면체	수직과 평행 다각형의 각도 접기와 각 붙여 만든 도형 단위 넓이의 활용	규칙성 찾기 도형과 연산의 규칙 규칙 찾아 개수 세기 교점과 영역 개수 수 배열의 규칙	경우의 수 비둘기집 원리 최단 거리 만들 수 있는, 없는 수 평균	논리 추리 님 게임 강 건너기 창의적으로 생각하기 효율적으로 생각하기 나머지 문제

	A (수와 연산)	B (도형)	C (측정)	D (규칙)	E (자료와 가능성)	F (문제해결력)
고급 (초6~중등)	연속하는 자연수 배수 판정법 여러 가지 진법 계산식에 써넣기 조건에 맞는 수 끝수와 숫자의 개수	입체도형의 성질 쌓기나무 도형 나누기 평면도형의 활용 입체도형의 부피, 겉넓이	시계와 각도 평면도형의 활용 도형의 넓이 거리, 속력, 시간 도형의 회전 그래프 이용하기	암호 해독하기 여러 가지 규칙 여러 가지 수열 연산 기호 규칙 도형에서의 규칙	경우의 수 비둘기집 원리 입체도형에서의 경로 영역 구분하기 확률	홀수와 짝수 조건 분석하기 다른 질량 찾기 뉴턴산 작업 능률

책의 구성과 활용

단원들어가기

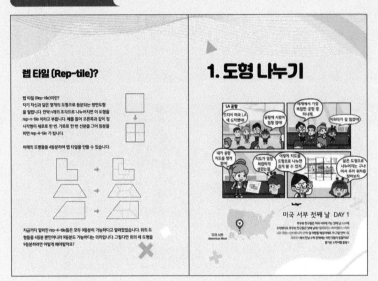

친구들의 수학여행(Math Travel)과 함께 단원이 시작됩니다. 여행지에서 수학문제를 발견하고 창의적으로 해결해 나갑니다.

아이앤아이 수학여행 친구들

전 세계 곳곳의 수학 관련 문제들을 풀며 함께 세계여행을 떠날 친구들을 소개할게요!

무우

팀의 맏리더. 행동파 리더.
에너지 넘치는 자신감과 무한 긍정으로 팀원에게 격려와 응원을 아끼지 않는 팀의 맏형. 솔선수범하는 믿음직한 해결사예요.

상상

팀의 챙김이 언니, 아이디어 뱅크.
감수성이 풍부하고 공감력이 뛰어나 동생들의 고민을 경청하고 챙겨주는 맏언니예요.

알알

진지하고 생각많은 똘똘이 알알.
겁 많고 부끄럼 많고 소심하지만 관찰력이 뛰어나고 생각 깊은 아이에요. 야무진 성격을 보여주는 앞밤머리와 주근깨 가득한 통통한 볼이 특징이에요.

제이

궁금한게 많은 막내 엉뚱이 제이.
엉뚱한 질문이나 행동으로 상대방에게 웃음을 주어요. 주위의 것을 놓치고 싶지 않은 장난기가 가득한 매력덩어리입니다.

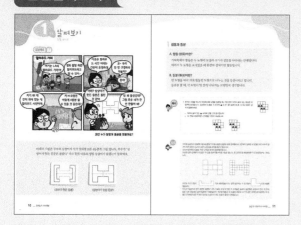

단원의 주제되는 내용을 정리하고 '궁금해요' 문제를 풀어봅니다.

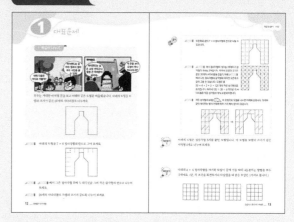

대표되는 문제를 단계적으로 해결하고 '확인하기' 문제를 풀어봅니다.

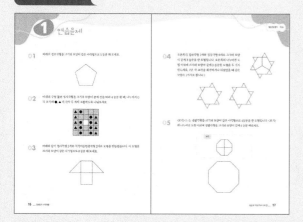

단원살펴보기 및 대표문제에서 익힌 내용을 알차게 구성된 사고력 문제를 통해 점검하며 주제에 대한 탄탄한 기본기를 다집니다.

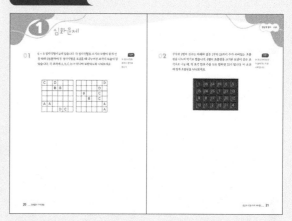

단원에 관련된 문제의 이해와 응용력을 바탕으로 창의적 문제 해결력을 기릅니다.

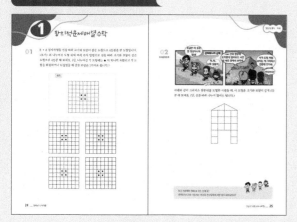

창의력 응용문제, 융합문제를 풀며 해당 단원 문제에 자신감을 가집니다.

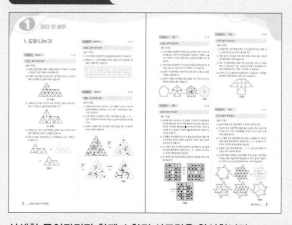

상세한 풀이과정과 함께 수학적 사고력을 완성합니다.

차례
CONTENTS 중급 B 도형
초등4~6학년

렙 타일 (Rep-tile)?

렙 타일 (Rep-tile)이란?
자기 자신과 닮은 몇개의 도형으로 등분되는 평면도형
을 말합니다. 만약 n개의 조각으로 나누어지면 이 도형을
rep-n-tile 이라고 부릅니다. 예를 들어 오른쪽과 같이 정
사각형이 세로로 한 번, 가로로 한 번 선분을 그어 등분을
하면 rep-4-tilE가 됩니다.

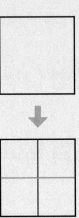

아래의 도형들을 4등분하여 Rep-4-tile을 만들 수 있습니다.

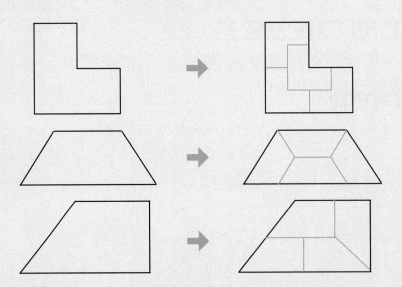

지금까지 알려진 rep-4-tile들은 모두 9등분이 가능하다고 알려져있습니다. 위의 도
형들을 4등분 뿐만아니라 9등분도 가능하다는 의미입니다. 그렇다면 위의 세 도형을
9등분 하려면 어떻게 해야 할까요?

1. 도형 나누기

미국 서부 첫째 날 DAY 1

무우와 친구들은 미국 서부에 가는 첫째 날, <LA>에 도착했어요. 무우와 친구들은 첫째 날에 <할리우드>, <하이랜드>, <차이니즈 극장>, <산타모니카 산맥>을 여행할 예정이에요. 자, 그럼 먼저 <할리우드>에서 만날 수학 문제에는 어떤 것들이 있을까요?

즐거운 수학여행 출발~!

미국 서부
American West

궁금해요 ?

과연 누가 알맞게 등분을 했을까요?

아래의 그림은 무우와 상상이가 각각 알파벳 H를 4등분한 그림 입니다. 무우가 "상상이가 만든 등분은 틀렸다" 라고 말한 이유와 정말 상상이가 틀렸는지 말하세요.

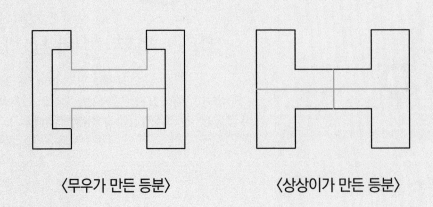

〈무우가 만든 등분〉   〈상상이가 만든 등분〉

1 합동과 등분

1. 합동 (合同)이란?

기하학에서 합동은 두 도형이 모양과 크기가 같음을 나타내는 관계입니다.
따라서 두 도형을 포개었을 때 완전히 겹쳐지면 합동입니다.

2. 등분 (等分)이란?

한 도형을 여러 개의 합동인 도형으로 나누는 것을 등분이라고 합니다.
등분을 할 때, 각 도형이 몇 칸씩 나눠지는 모양인지 생각합니다.

 예시

1. 주어진 모양을 하나씩 포함하도록 도형을 등분해 보겠습니다.
가장 먼저 가까이 붙어 있는 동일한 모양끼리 분리합니다. 오른쪽의 도형을 각 조각의 ▲ 이 한 개씩 들어가도록 크기와 모양이 같게 4등분하세요.

ⅰ. 가까이 붙어 있는 ▲ 사이에 선을 그어 분리합니다.
ⅱ. 12칸을 4등분하면 각 도형은 3칸씩 나눠집니다.

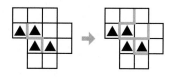

 정답

무우와 상상이가 알파벳 H를 4등분하기 위해 사용한 방법에 대해 알아봅시다. 8칸짜리 알파벳 H 도형은 4로 나누어 떨어지지만 모양과 크기가 같은 도형으로 등분을 할 수 없습니다. 따라서 8칸짜리 도형을 작은 단위로 쪼개어 생각해야합니다.
아래와 같이 알파벳 H 도형의 각 칸을 정사각형 4개로 4등분 합니다. 총 32칸으로 4등분하면 각 도형은 8칸씩 나눠집니다.

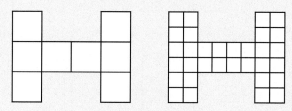

무우는 각 조각들을 8칸 짜리 [   ] 으로 4등분했습니다. 반면 상상이는 각 조각들이 으로 4등분했습니다.
무우가 "상상이가 만든 등분은 틀렸다" 라는 이유는 무우가 만든 각 조각들은 돌려서 등분했지만, 상상이가 만든 각 조각들은 서로 뒤집어서 같게 등분했기 때문입니다. 하지만 합동은 두 도형의 모양과 크기가 같은 관계인데 뒤집어도 두 도형이 포개지면 같은 도형이 되므로 상상이가 만든 등분은 틀리지 않았습니다.

정답 : 상상이는 틀리지 않았습니다.

1 대표문제

1. 똑같이 나누기

무우는 거대한 아치형 문을 보고 아래와 같은 도형을 떠올렸습니다. 아래의 도형을 모양과 크기가 같은 20개의 사다리꼴로 나누세요.

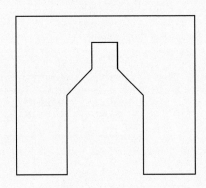

🔍 **Step 1** 아래의 도형을 7 × 6 정사각형의 칸으로 그어 보세요.

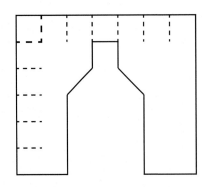

🔍 **Step 2** 🔍 **Step 1** 에서 그은 정사각형 위에 두 대각선을 그어 작은 삼각형의 칸으로 나누어 보세요.

🔍 **Step 3** 20개의 사다리꼴로 모양과 크기가 같도록 나누어 보세요.

풀이

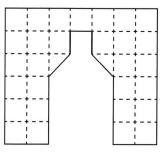

Step 1 ▌ 오른쪽과 같이 7 × 6 정사각형의 칸으로 나눌 수 있습니다.

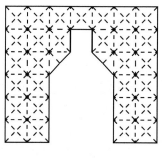

Step 2 ▌ Step 1 에서 정사각형의 개수는 29개이고 삼각형의 개수는 2개입니다. 따라서 모양과 크기가 같은 20개의 사다리꼴을 만들기 위해 Step 1 에서 나눈 정사각형과 삼각형에 대각선 오른쪽과 같이 그을 수 있습니다. 도형은 총
29 × 4 + 2 × 2 = 120 개의 작은 삼각형으로 쪼개집니다. 따라서 120 ÷ 20 = 6 이므로 각 사다리꼴은 작은 삼각형 6 개씩 포함되어야 합니다.

Step 3 ▌ 작은 삼각형이 6개인 ⬡ 의 모양으로 도형을 나누면 아래와 같습니다. 아래와 같이 배치하는 방식 이외에 여러 가지 배치 방식이 있습니다.

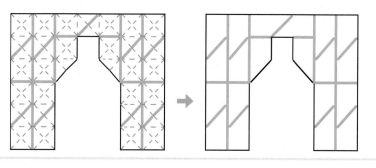

확인하기 1

아래의 도형은 정삼각형 6개를 붙인 도형입니다. 이 도형을 모양과 크기가 같은 사각형 4개로 나누어 보세요.

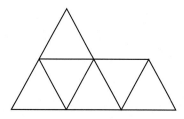

확인하기 2

아래의 4 × 4 정사각형을 크기와 모양이 같게 선을 따라 4등분하는 방법을 모두 구하세요. (단, 각 조각을 회전하거나 뒤집었을 때 같은 모양은 1가지로 봅니다.)

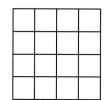 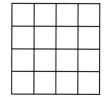 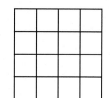 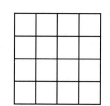

2. 등분의 활용

아래의 도형을 ✋ , 👣 , ☆ 이 하나씩 포함되도록 크기와 모양이 같게 4개의 조각으로 나누세요. (단, 나눈 조각을 90°씩 돌렸을 때 같은 모습입니다.)

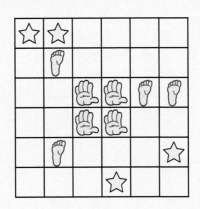

🖊 **Step 1**   나누어진 각 도형은 몇 칸짜리 도형일지 적어 보세요.

🖊 **Step 2**   ✋ , 👣 , ☆ 는 나누어진 각 도형에 하나씩 들어가야합니다. 붙어있는 같은 문자와 문자 칸 사이에 보조선을 그어 보세요.

🖊 **Step 3**   90°씩 돌렸을 때 나누어진 모습이 계속 같은 모습이 되게 보조선을 추가해 보세요.

🖊 **Step 4**   모양과 크기가 같은 4개의 조각으로 나누세요.

Step 1 전체 도형은 6 × 6 이므로 36칸입니다. 따라서 36칸을 4등분하기 위해서 36 ÷ 4 = 9 칸입니다. 9칸으로 이루어진 도형 4개로 등분을 해야 합니다.

Step 2 나누어지는 각 도형에 각 문자가 하나씩 들어가야하므로 붙어있는 같은 문자 사이에 보조선을 아래와 같이 그려 줍니다.

Step 3 시계 방향으로 90°씩 돌렸을 때 나누어진 모습이 계속 같은 모습이 되게 보조선을 계속 추가해 나갑니다. 아래와 같이 도형을 시계 방향으로 90°씩 돌리지 않고 보조선을 90°씩 돌려서 보조선을 계속 추가해 나가도 됩니다.

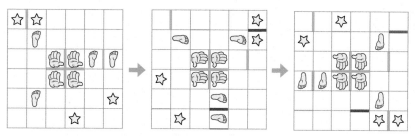

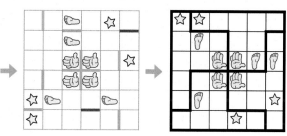

(정답)

Step 4 위 (정답)과 같이 나누어지는 각 도형이 9칸씩 되도록 4개의 조각으로 모양과 크기가 같게 나눌 수 있습니다.

정답 : 풀이 과정 참조

아래의 정삼각형을 3등분 할 때, 각 조각에 ●, ♥, ★ 이 하나씩 포함되도록 크기와 모양이 같게 나눠보세요.

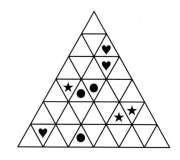

01 아래의 정오각형을 크기와 모양이 같은 사각형으로 5등분 해 보세요.

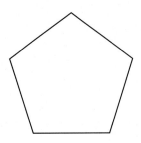

02 아래의 구멍 뚫린 정사각형을 크기와 모양이 같게 선을 따라 4등분 할 때, 나누어지는 각 조각에 ●, ▲ 이 각각 두 개씩 포함하도록 나눠보세요.

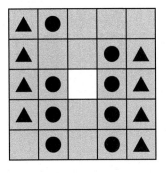

03 아래와 같이 정사각형 2개와 직각이등변삼각형 2개로 도형을 만들었습니다. 이 도형을 크기와 모양이 같은 사각형으로 8등분 해 보세요.

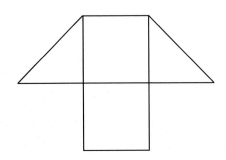

04
오른쪽의 정육각형 1개와 정삼각형 6개로 크기와 모양이 같게 3등분을 한 도형입니다. 오른쪽의 나누어진 도형 이외에 크기와 모양이 같게 3등분한 도형을 두 가지 만드세요. (단, 각 조각을 회전하거나 뒤집었을 때 같은 모양은 1가지로 봅니다.)

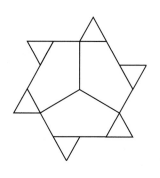

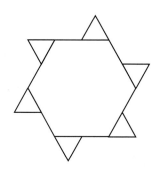

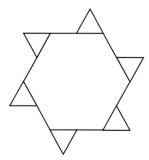

05
〈보기〉는 정팔각형을 크기와 모양이 같은 사각형으로 4등분을 한 도형입니다. 〈보기〉의 나누어진 도형 이외에 정팔각형을 크기와 모양이 같게 4등분 해보세요.

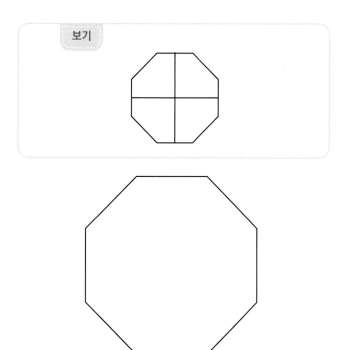

06 아래의 작은 삼각형 32개를 크기와 모양이 같게 선을 따라 4등분하는 방법을 모두 구하세요. (단, 각 조각을 회전하거나 뒤집었을 때 같은 모양은 1가지로 봅니다.)

07 아래와 같이 정사각형 2개와 직각이등변삼각형 2개로 사다리꼴을 만들었습니다. 이 도형을 크기와 모양이 같은 사각형으로 4등분 해 보세요.

08 아래의 도형을 크기와 모양이 같게 선을 따라 4등분 할 때, 나누어지는 각 조각에 ●, ▲ 이 각각 하나씩 포함하도록 나눠보세요.

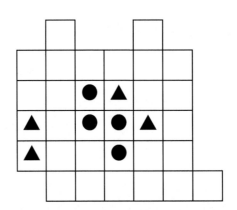

09 아래의 도형을 크기와 모양이 같게 선을 따라 4등분 할 때, 나누어지는 각 조각에 ● 이
하나씩 포함되도록 나눠보세요.

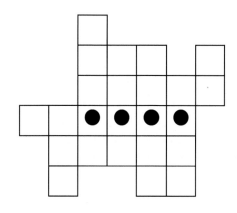

10 아래의 도형을 크기와 모양이 같게 선을 따라 3등분 할 때, 나누어진 각 조각 안의 적힌
수의 합이 모두 같도록 나눠보세요.

		1	2	
3	1	2	3	1
	2	3	1	2
	3	1	2	3
		1	2	3

01

6 × 6 정사각형이 2개 있습니다. 각 정사각형을 크기와 모양이 같게 선을 따라 2등분하여 선을 긋고 포갰을 때 나누어진 조각의 모습이 같았습니다. 각 조각에 A, B, C, D가 하나씩 포함하도록 나눠보세요.

TIP!
두 정사각형을 겹쳐서 생각해 봅니다.

C		D			
		B	B		
A	A				
			D	C	

					D
				D	
		B		C	
			B	C	
					A
					A

02 무우와 3명의 친구는 아래와 같은 1부터 24까지 수가 쓰여있는 초콜릿을 나누어 먹기로 했습니다. 4명이 초콜릿을 크기와 모양이 같은 조각으로 나눌 때, 각 조각 안의 수를 모두 합하면 75가 됩니다. 이 조건에 맞게 초콜릿을 나눠보세요.

TIP!
한 조각 안에 몇 칸이 들어가는 지 생각해 봅니다.

03 56개의 작은삼각형이 있는 아래의 도형을 여러 가지 모양으로 나누려고 합니다. 칸에 적힌 숫자는 그 칸을 포함하는 나누어진 칸의 개수입니다. 칸에 적힌 숫자가 같은 경우 나누어진 조각의 서로 모양이 같게 나누어 보세요.

TIP!
가장 작은 수부터 조각을 나누어 봅니다.

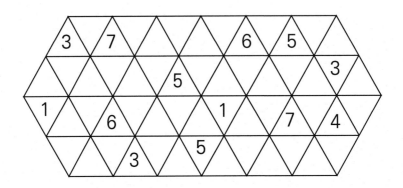

04 아래의 도형을 크기와 모양이 같게 선을 따라 5등분 할 때, 나누어지는 각 조각에 ●, ▲ 이 각각 하나씩 포함하도록 나눠보세요.

TIP!
같은 도형 사이에 보조선을 그어 봅니다.

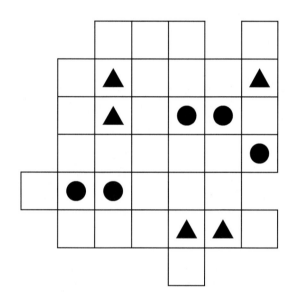

1 창의적문제해결수학

01

8 × 8 정사각형을 선을 따라 크기와 모양이 같은 도형으로 4등분을 한 도형입니다.
〈보기〉의 나누어진 도형 외에 여러 가지 방법으로 선을 따라 크기와 모양이 같은 도형으로 4등분해 보세요. (단, 나누어진 각 도형에는 ★이 하나씩 포함되고 각 도형을 회전하거나 뒤집었을 때 같은 모양은 1가지로 봅니다.)

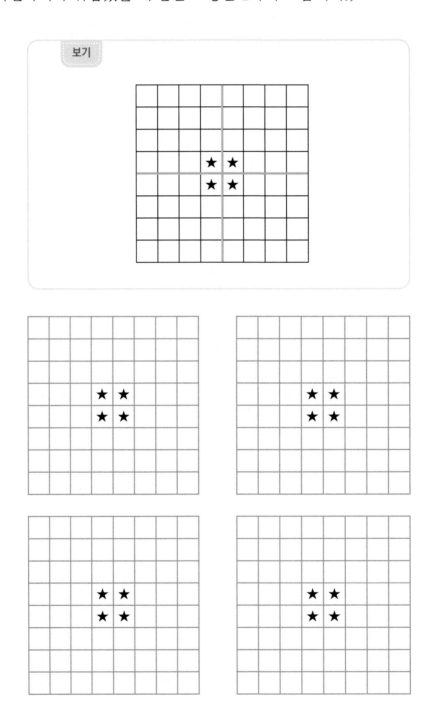

02
창의융합문제

아래와 같이 그리피스 천문대를 도형화 시켰을 때, 이 도형을 크기와 모양이 같게 6등분 해 보세요. (단, 선을 따라 나누지 않아도 됩니다.)

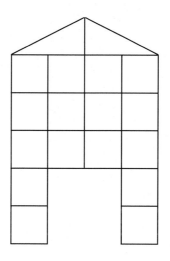

미국 서부에서 첫째 날 모든 문제 끝!
샌프란시스코로 이동하는 무우와 친구들에게 어떤 일이 일어날까요?

폴리아몬드

폴리아몬드(polyiamonds) 란?
합동인 정삼각형을 변과 변끼리 붙여서 만든 것을 폴리아몬드(polyiamonds)라고 합니다.
붙인 정삼각형의 개수에 따라 2개는 다이아몬드, 3개는 트리아몬드, 4개는 테트리아몬드, 5개는 펜티아몬드, 6개는 헥시아몬드라고 부릅니다.

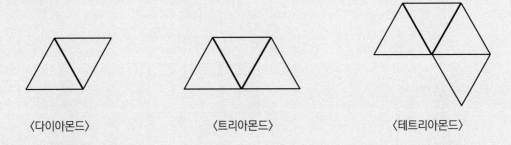

〈다이아몬드〉　　　　　〈트리아몬드〉　　　　　〈테트리아몬드〉

이 중에서 가장 조각 수가 많은 헥시아몬드는 아래와 같이 총 12개의 조각이 있습니다. 이 조각들을 각각 하나씩 사용하여 서로 변과 변끼리 붙여 오른쪽의 육각형 도형을 만들었습니다. 이외에도 여러 가지 도형들을 만들 수 있습니다.

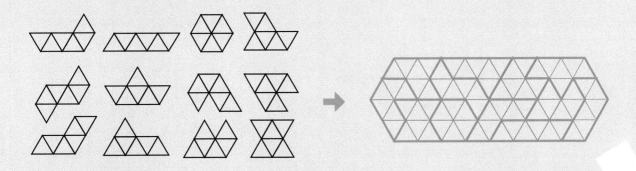

2. 도형 붙이기

샌프란시스코
★ LA

미국 서부
American West

미국 서부 둘째 날 DAY 2

무우와 친구들은 미국 서부에 가는 둘째 날, <샌프란시스코>에
도착했어요. 무우와 친구들은 둘째 날에 <피어39>, <금문교>, <골든
게이트 공원>, <드 영 기념 박물관> 을 여행할 예정이에요.
무우와 친구들은 이곳에서 어떤 수학 문제들을 만나게 될까요?

궁금해요 ?

과연 무우는 무엇을 떠올렸을까요?

무우는 바다 사자들이 누워있는 정사각형 나무 판자의 모양을 보고 아래와 같이 생각했습니다. 규칙을 보고, 무우가 몇 개의 도형을 찾을 수 있을 지 알아보세요.

이 정사각형 나무 판자 5개를 붙여 만든 도형은 모두 몇 가지 일까?

〈도형 붙이기 규칙〉

① 주어진 도형을 사용하여 변과 변끼리 붙여서 만들 수 있는 도형을 모두 찾습니다.

② 도형을 붙이고 나서 돌리거나 뒤집었을 때 겹쳐지는 모양은 1가지로 봅니다.

③ 변을 붙일 때는 길이가 같은 변끼리 남는 부분이 없이 꼭 맞게 붙여야 합니다.

※ 이 도형들은 규칙에 맞지 않습니다.

1 칠교놀이

칠교놀이는 약 5000년 전부터 고대 중국에서 즐긴 놀이 입니다. 이 칠교놀이판에는 오른쪽과 같이 큰 직각이등 변삼각형 2개, 중간 크기의 직각이등변삼각형 1개, 작은 직각이등변삼각형 2개, 정사각형 1개, 평행사변형 1개로 이루어져 있습니다.

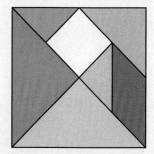

〈칠교놀이판〉

아래와 같이 작은 삼각형 2개를 붙이면 중간 삼각형, 정사각형, 평행사변형을 만들 수 있습니다. 또한, 중간 삼각형과 작은 삼각형 2개를 붙이면 큰 삼각형 1개를 만들 수 있습니다.

  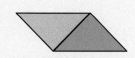 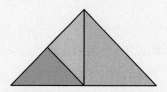

이처럼 7개의 조각들은 각각 조각의 넓이와 변의 길이가 일정한 비로 이루어져 있 어서 다양한 도형들을 만들 수 있습니다.

정답

폴리오미노(Polyomino)는 정사각형들을 변과 변끼리 붙여 만든 평면도형입니다. 무한이가 생각한 도 형은 폴리오미노 중에 정사각형 5개를 붙인 펜토미노(Pentomino) 또는 5-오미노(5-omino) 입니다.

한 줄에 정사각형이 5개 있는 펜토미노 ▢▢▢▢▢ ➡ 1개

한 줄에 정사각형이 4개 있는 펜토미노 ➡ 2개

한 줄에 정사각형이 3개 있고 그 위에 정사각형이 2개 있는 펜토미노

➡ 5개

한 줄에 정사각형이 3개 있고 그 위와 아래에 정사각형이 1개씩 있는 펜토미노

➡ 3개

한 줄에 정사각형이 2개 있는 펜토미노 ➡ 1개

따라서 정사각형 5개를 붙여 만들 수 있는 펜토미노는 1 + 2 + 5 + 3 + 1 = 12개입니다.

2 대표문제

1. 도형 붙여 다른 도형 만들기

무우는 크기가 같은 16개의 직각이등변삼각형을 붙여서 만들 수 있는 사각형을 생각했습니다. 과연 무우가 생각한 사각형은 어떤 모양일지 그리세요. (단, 돌리거나 뒤집었을 때 겹치는 모양은 한 가지 입니다.)

Step 1　아래 모눈 종이에 크기가 같은 2개의 직각이등변삼각형으로 만들 수 있는 사각형을 모두 그리세요. (단, 크기가 달라도 모양이 같으면 한 가지 입니다.)

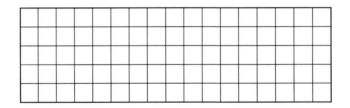

Step 2　아래 모눈 종이에 크기가 같은 3개 또는 4개의 직각이등변삼각형으로 만들 수 있는 사각형을 모두 그리세요. (단, 크기가 달라도 모양이 같으면 한 가지 입니다.)

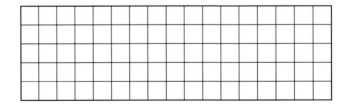

Step 3　크기가 같은 직각이등변삼각형이 총 16개일 때, 만들 수 있는 사각형의 모양을 모두 그리세요.

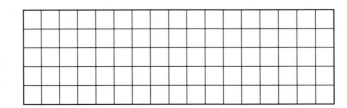

Step 1 크기가 같은 2개의 직각이등변삼각형을 붙여 만들 수 있는 사각형은 모두 2가지로 아래와 같습니다.

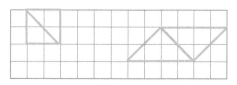

Step 2 크기가 같은 3개의 직각이등변삼각형을 붙여 만들수 있는 사각형은 Step 1 에서 만든 도형에 크기가 같은 직각이등변삼각형을 붙입니다. ➡ 총 2가지입니다.

크기가 같은 4개의 직각이등변삼각형을 붙여 만들 수 있는 사각형은 3개의 직각이등변삼각형에 1개의 직각이등변삼각형을 붙입니다. ➡ 총 4가지 입니다.

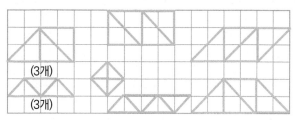

Step 3 직각이등변삼각형을 붙여서 만들 수 있는 사각형 모양은 □ ◢ ◺ ▱ 로 총 4가지 입니다. 따라서 각 사각형들을 사용하여 직각이등변삼각형이 16개일 때, 사각형의 모양을 구할 수 있습니다.

▱ 은 직각이등변삼각형이 3개일 때 만들 수 있습니다. 다음과 같이 사각형 모양을 만들려면 한 줄에 있는 직각이등변삼각형 수가 홀수 개이고, 한 층마다 삼각형의 개수가 2개씩 늘어납니다.

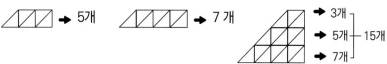

따라서 크기가 같은 16개의 직각이등변삼각형을 붙여서 ▱ 모양 사각형은 만들 수 없습니다.

16개의 직각이등변삼각형으로 붙여 만든 □ ◢ ▱ 모양의 사각형 모양은 아래와 같습니다. 이 외에도 배치하는 방식에 따라 여러 가지를 만들 수 있습니다.

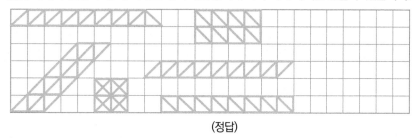

(정답)

확인하기 4개의 도형으로 만들 수 있는 서로 다른 사각형의 개수를 구하세요. (단, 붙이는 방법이 달라도 크기가 같으면 한 가지 입니다.)

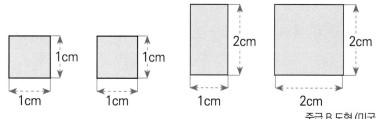

2 대표문제

2. 도형 나누어 다시 붙이기

무우는 정원의 지도를 보고 가로가 16, 세로가 9인 직사각형을 생각했습니다. 이 직사각형을 2등분으로 나눈 다음 옮겨 붙여 정사각형을 만들려면 어떻게 해야 할까요?

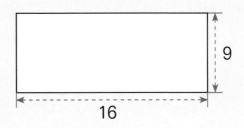

Step 1 직사각형 모양의 정원의 넓이를 구하여 만들 수 있는 정사각형 한 변의 길이를 구하세요.

Step 2 직사각형의 가로와 세로의 길이와 정사각형의 한 변의 길이를 비교하여 아래 직사각형의 가로와 세로의 보조선을 그으세요.

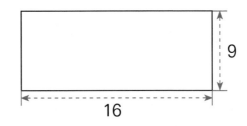

Step 3 **Step 2** 에서 그은 보조선을 따라 직사각형을 2등분하여 정사각형으로 만드세요.

Step 1 직사각형의 넓이는 9 × 16 = 144 입니다. 12 × 12 = 144 이므로 정사각형의 한 변의 길이는 12입니다.

Step 2 직사각형 가로의 길이가 16이므로 정사각형 변 길이와 16 − 12 = 4 만큼 차이가 납니다. 따라서 가로 길이를 4만큼 빼야 합니다. 직사각형의 세로의 길이는 9이므로 3만큼 차이가 납니다. 따라서 세로의 길이는 3을 더해야 합니다.
각 가로와 세로의 길이를 빼주고 더해줘야 하는 만큼 나누어 보조선을 긋습니다. 아래와 같이 가로의 길이인 16을 4로 나누면 가로줄 칸이 4개로 나뉩니다. 세로의 길이인 9를 3으로 나누면 세로줄 칸이 3개로 나뉩니다.

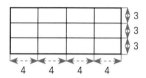

Step 3 가로의 길이를 4만큼 빼야 하고 세로의 길이를 3만큼 더해줘야 하므로 아래의 그림과 같이 계단식 모양으로 파란선을 긋습니다. 그은 후 두 조각으로 등분이 된 도형을 옮겨 붙이면 가로가 12, 세로가 12인 정사각형이 됩니다.

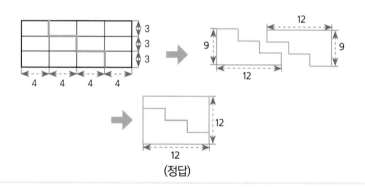

(정답)

확인하기 1 아래의 왼쪽 도형을 2등분으로 나눈 다음 옮겨 붙여서 정사각형을 만듭니다. 이때 나눈 선과 붙인 선을 그으세요.

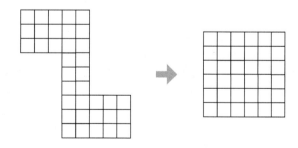

확인하기 2 아래의 왼쪽 도형을 2등분으로 나눈 다음 옮겨 붙여서 정사각형을 만듭니다. 이때 나눈 선과 붙인 선을 그으세요. (단, 선을 따라 그릴 필요는 없습니다.)

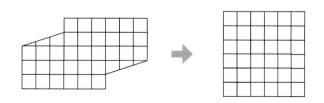

01 4 × 9 직사각형을 2등분하여 나눈 다음 옮겨 붙여서 1개의 정사각형을 만듭니다. 이때 나눈 선을 그으세요.

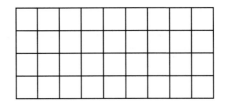

02 모눈 종이에 21개의 크기가 같은 정삼각형으로 이어 붙여 만들 수 있는 사각형을 모두 그리세요. (선은 점선에 따라 그려야합니다.)

03 4개의 도형으로 만들 수 있는 사각형의 개수를 모두 구하세요. (단, 붙이는 방법이 달라도 크기가 같으면 한 가지 입니다.)

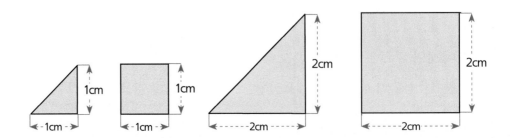

04 다음 직각이등변삼각형과 직사각형 도형을 잘라서 조각들을 모두 붙여 정사각형을 만드세요. (단, 두 개의 도형을 모두 자르지 않아도 됩니다.)

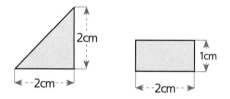

05 큰 정사각형의 한 변의 길이는 10cm이고, 작은 정사각형의 한 변의 길이는 6cm입니다. 이때 초록색으로 칠해진 도형을 4조각으로 자른 다음 조각들을 모두 붙여 정사각형을 만드세요.

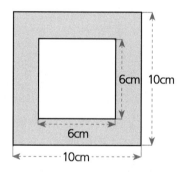

06 한 변의 길이가 1cm 인 정사각형을 붙인 도형을 2등분하여 나눈 다음 옮겨 붙여서 1개의 직사각형을 만들려고 합니다. 아래의 그림에 나눈 선을 그으세요.

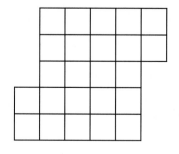

07 피라미드 모양의 계단 도형이 있습니다. 이 도형을 2조각으로 자르고 모두 붙여서 한 개의 정사각형을 만드세요.

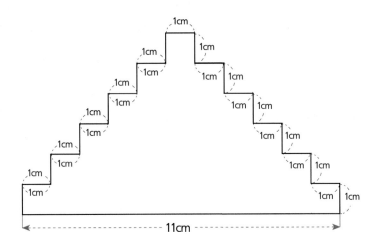

08 한 변의 길이가 각각 1cm, 2cm, 3cm 인 정사각형이 각각 여러 개 씩 있습니다. 이 도형들로 가로가 5cm, 세로가 3cm 인 직사각형을 만들 때, 만들 수 있는 직사각형의 개수를 구하세요. (단, 돌리거나 뒤집어서 같으면 한 가지로 봅니다.)

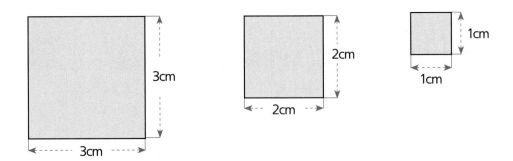

09 정사각형 6개와 직각이등변삼각형 4개를 붙인 도형을 3조각으로 자르고 모두 붙여서 한 개의 정사각형을 만드세요. (단, 잘라진 3조각은 같은 모양이 아니어도 되며 선을 따라 나누지 않아도 됩니다.)

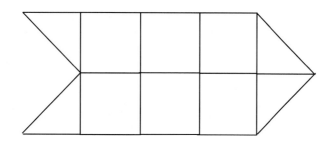

10 직각이등변삼각형을 붙인 도형입니다. 이 도형을 2등분한 다음 옮겨 붙여서 정사각형을 만듭니다. 이때 나눈 선을 그으세요. (단, 선을 따라 나눕니다.)

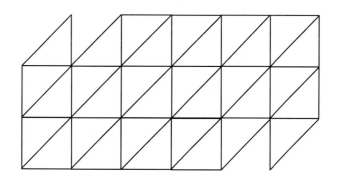

01 정사각형 2개와 직각이등변삼각형 1개로 이루어진 도형이 있습니다. 이 도형을 3조각으로 자르고 모두 붙여서 한 개의 정사각형을 만드세요. (단, 잘라진 3조각은 같은 모양이 아니어도 되며 대각선으로 잘라도 됩니다.)

TIP!

삼각형의 빗변의 중심을 생각합니다.

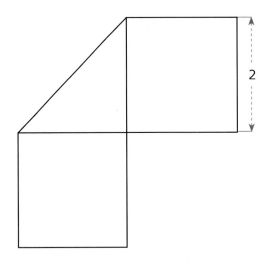

2

02 〈보기〉의 A, B, C, D, E, F, G 는 각각 3, 4, 5, 6, 7, 8, 9개의 정사각형으로 이루어진 도형입니다. 이 가운데 6개를 사용하여 아래 정사각형에 채워 넣고 사용하지 않는 도형은 무엇인지 구하세요.

TIP!
넓이가 큰 도형부터 정사각형에 채워 넣습니다.

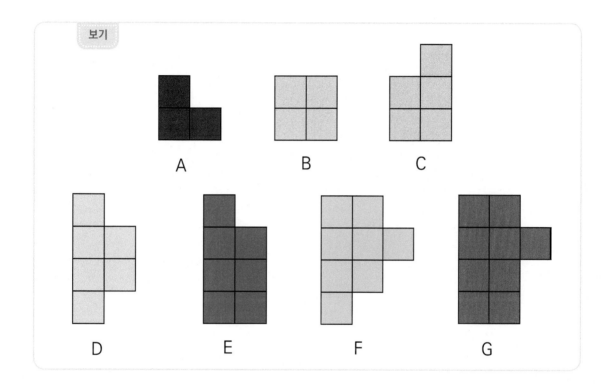

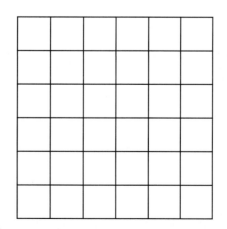

03 한 변의 길이가 1cm 정사각형 여러 개와 2cm 정사각형 2개, 3cm 정사각형 1개가 있습니다. 이 도형들로 한 변의 길이가 4cm 인 정사각형을 만드는 서로 다른 방법의 가짓수를 모두 구하세요. (단, 각 정사각형의 위치가 다르면 서로 다른 방법입니다.)

TIP!

넓이가 큰 정사각형부터 생각합니다.

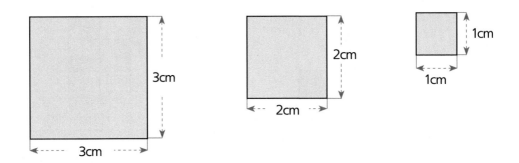

04 알파벳 E를 도형으로 그렸습니다. 이 도형을 4조각으로 자르고 모두 붙여서 한 개의 정사각형을 만드세요. (단, 잘라진 4조각은 같은 모양이 아니어도 되며 대각선으로 잘라도 됩니다.)

TIP!

잘라진 조각을 뒤집어 놓을 수 있습니다.

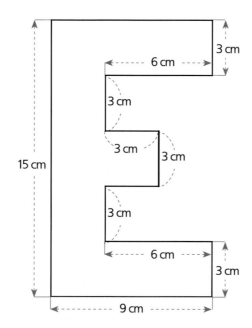

2 창의적문제해결수학

01 한 변의 길이가 각각 12cm, 15cm, 16cm인 정사각형이 한 개씩 있습니다. 이 도형들을 총 6조각이 되도록 자른 다음 모든 조각들을 옮겨 붙여서 한 변의 길이가 25cm 인 정사각형을 한 개를 만들려고 합니다. 이때 나눈 선과 붙인 선을 그으세요. (단, 모든 도형을 자를 필요는 없습니다.)

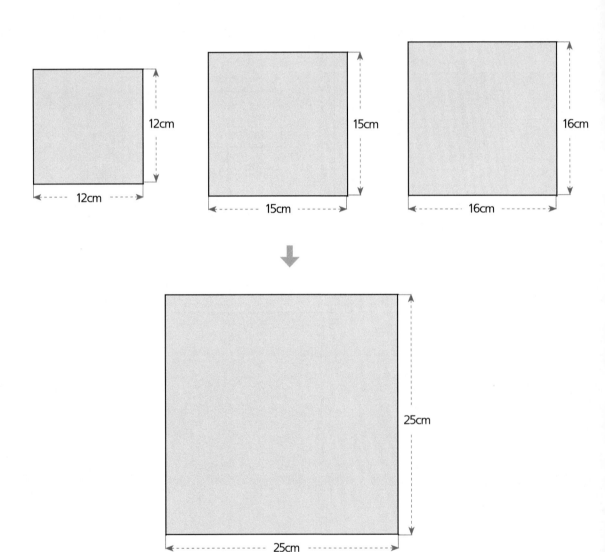

02
창의융합문제

무우는 아래와 같이 생긴 호수가 있는 꽃밭을 2등분으로 나눈 다음 호수가 없는 다른 곳에 나눈 모양 그대로 모든 꽃들을 옮겨 심어 정사각형의 꽃밭을 만들려고 합니다. 무우가 그림의 꽃밭을 어떻게 나누었는 지 선을 그으세요.

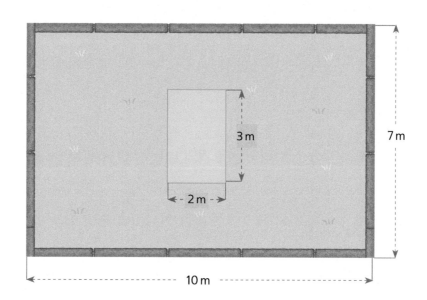

미국 서부에서 둘째 날 모든 문제 끝!
그랜드 캐니언으로 이동하는 무우와 친구들에게 어떤 일이 일어날까요?

유클리드?

▲ 유클리드

유클리드는 그리스 출생의 수학자로 기원전 300년 경에 모든 기하학적 지식을 모아 그 내용들을 체계적으로 정리한 책인 「기하학 원론」을 만들었습니다. 「기하학 원론」은 총 13권으로 이루어져 있습니다. 이 책에는 23개의 정의와 5개의 공리, 5개의 공준을 기본으로 465개의 수학적 명제를 증명해 놓았습니다. 23개의 정의 중에 점, 선, 면을 아래와 같이 정의했습니다.

▶ 점(Point, 點)
  도형에서 가장 기본적인 요소로 점이란 크기와 넓이가 없이 위치만 나타내는 것이다.

▶ 선(Line, 線)
  점이 움직이는 자취 또는 수많은 점들의 집합으로 선이란 폭이 없는 길이다.

▶ 면(Side, 面)
  선이 움직이는 자취 또는 수많은 선들의 집합으로 면이란 길이와 폭만 가진 것이다.

3. 도형의 개수

샌프란시스코★　★그랜드캐니언
　　　　　　　　★로스엔젤레스

미국 서부
American West

✈

미국 서부 셋째 날　DAY 3

무우와 친구들은 여행의 셋째 날, <그랜드 캐니언>에
도착했어요. 그랜드 캐니언의 <마더 캠핑장>, <야바파이
포인트>, <스카이 워크 전망대>, <데저트 뷰 전망대> 를
여행할 예정이에요. 과연 무슨 재미난
일이 기다리고 있을지 함께 떠나 볼까요?

무우가 찍은 일몰 사진은 어떻게 나왔을까요?

무우가 찍은 일몰 장면을 도형으로 표현하면 다음과 같습니다. 이 도형에서 찾을 수 있는 크고 작은 삼각형의 개수를 모두 구해보세요.

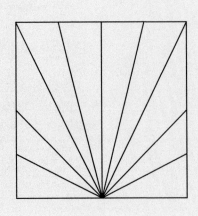

1 선분과 각

1. 직선은 오른쪽과 같이 양쪽으로 끝없이 뻗어나가는 선입니다.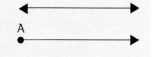

2. 반직선은 오른쪽과 같이 한쪽으로 끝없이 뻗어나가는 선입니다.

3. 선분은 두 점을 곧게 이은 선입니다.

   A B C D E

   예 한 선분 위에 5개의 점이 있을 때, 서로 다른 선분의 개수는

   $4 + 3 + 2 + 1 = 10$개입니다.

4. 각은 한 점에서 두 반직선으로 이루어진 도형입니다.

5. 각의 크기에 따라 평각, 직각, 예각, 둔각으로 나눕니다.

   ① 평각은 오른쪽과 같이 두 반직선 OA와 OB가 직선을 이룰 때, 180°의 크기
   를 이루는 각입니다. 단, 점 O는 반드시 점 A와 점 B 사이에 있어야 합니다.

   ② 직각은 평각의 반으로 90°의 크기를 이루는 각입니다.
   오른쪽과 같이 각 AOB는 90°입니다.

   ③ 예각은 0°보다 크고 직각보다 작은 각입니다.

   ④ 둔각은 직각 보다 크고 180°보다 작은 각입니다.

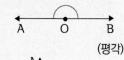
(평각)

(직각)

   예 오른쪽과 같이 하나의 꼭짓점과 4개의 반직선으로 이
   루어진 각이 있을 때, 찾을 수 있는 크고 작은 예각의
   개수는 $3 + 2 + 1 = 6$개입니다.

2 사각형의 개수

예시문제 오른쪽의 그림에서 찾을 수 있는 사각형의 개수는 모두 몇 개일까?

풀이 ① 가로 한 줄에서 찾을 수 있는 사각형의 개수

   ☐☐☐☐ 사각형 1개, ☐☐☐ 사각형 2개, ☐☐ 사각형 3개, ☐ 사각형
   4개를 찾을 수 있습니다. 따라서 $1 + 2 + 3 + 4 = 10$개입니다.

   ② 위와 같은 방법으로 세로 한 줄에서 찾을 수 있는 사각형의 개수
   $1 + 2 + 3 + 4 = 10$개입니다.

   ③ 그림에서 찾을 수 있는 사각형의 개수는 ①에서 구한 개수와 ②에서 구
   한 개수를 서로 곱하면 됩니다. 따라서 $10 \times 10 = 100$개입니다.

정답

주어진 그림은 한 꼭짓점과 9개의 반직선으로 이루어진 각에서 찾을 수 있는 크고 작은 각의 개수를 찾는 방법과 똑같습니다.
하지만 삼각형이 되어야하는 조건이 있으므로 네 개 이하의 작은 각으로 이루어진 각의 개수를 구해야 합니다. 두 개, 세 개, 네
개의 작은 각으로 이루어진 삼각형은 정사각형의 꼭짓점을 포함하면 안됩니다. 따라서 아래와 같이 한 개부터 네 개까지 작은
각으로 이루어진 삼각형의 개수를 구할 수 있습니다.
한 개의 작은 각으로 이루어진 삼각형의 총 개수는 10개입니다.
두 개의 작은 각으로 이루어진 삼각형의 총 개수는 7개입니다.
세 개의 작은 각으로 이루어진 삼각형의 총 개수는 4개입니다.
네 개의 작은 각으로 이루어진 삼각형의 총 개수는 1개입니다.
따라서 무한이가 찾을 수 있는 크고 작은 삼각형의 개수는 $10 + 7 + 4 + 1 = 22$개입니다.

3 대표문제

무우는 스카이워크의 손잡이 봉을 연결한 선을 이어 아래와 같은 도형을 만들었습니다. 도형에서 찾을 수 있는 서로 다른 선분의 개수를 모두 구하세요.

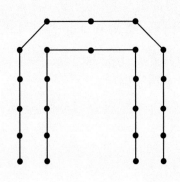

🔑 Step 1 ▶ 이웃하는 두 점을 잇는 선분의 개수를 모두 구하세요.

🔑 Step 2 ▶ 가운데 한 점을 포함하는 선분의 개수를 모두 구하세요.

🔑 Step 3 ▶ 가운데 두 점을 포함하는 선분의 개수를 모두 구하세요.

🔑 Step 4 ▶ 가운데 세 점을 포함하는 선분의 개수를 모두 구하세요.

🔑 Step 5 ▶ 찾을 수 있는 서로 다른 선분의 개수는 모두 몇 개입니까?

풀이

🔧 Step 1 　이웃하는 두 점을 이은 선분은 ●———● 입니다. 따라서 이 모양의 선분의 개수를 세면 총 22개입니다.

🔧 Step 2 　가운데 한 점을 포함하는 선분은 ●———●———● 입니다. 따라서 이 모양의 선분의 개수를 세면 총 14개입니다.

🔧 Step 3 　가운데 두 점을 포함하는 선분은 ●——●——●——● 입니다. 따라서 이 모양의 선분의 개수를 세면 총 8개입니다.

🔧 Step 4 　가운데 세 점을 포함하는 선분은 ●—●—●—●—● 입니다. 따라서 이 모양의 선분의 개수를 세면 총 4개입니다.

🔧 Step 5 　U 자형의 도형에서 찾을 수 있는 서로 다른 선분의 개수는 🔧 Step 1 에서 🔧 Step 4 까지 구한 선분의 개수를 모두 합하면 됩니다.
따라서 22 + 14 + 8 + 4 = 48개입니다.

정답 : 48개

확인하기 1

10개의 점을 연결한 도형입니다. 이 도형에서 찾을 수 있는 서로 다른 선분의 개수를 구하세요.

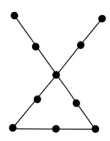

확인하기 2

원의 중심에서 5개의 대각선을 그어 서로 다른 5개의 각을 만들었습니다. 이 도형에서 찾을 수 있는 서로 다른 각의 개수를 구하세요.

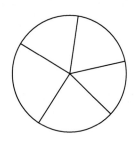

3 대표문제

무우가 발견한 벽화를 도형으로 나타내면 아래와 같습니다. 이 벽화에서 찾을 수 있는 크고 작은 사각형은 모두 몇 개인지 구하세요.

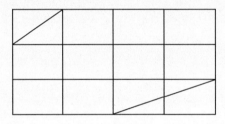

Step 1 ▌ 대각선을 제외한 모양에서 찾을 수 있는 사각형의 개수를 구하세요.

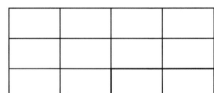

Step 2 ▌ 선분 AB 를 한 변으로 하는 사각형의 개수를 구하세요.

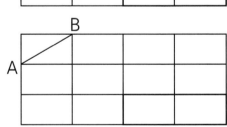

Step 3 ▌ 선분 CE, 선분 ED, 선분 CD 를 한 변으로 하는 사각형의 개수를 각각 구하세요.

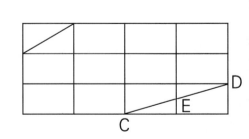

Step 4 ▌ 무우가 벽화에서 찾을 수 있는 사각형의 개수는 모두 몇 개입니까?

Step 1 가로 한 줄인 ☐☐☐☐ 에서 찾을 수 있는 사각형은 ☐ = 4개와
☐☐ = 3개와 ☐☐☐ = 2개와 ☐☐☐☐ = 1개를 찾을 수 있습니다. 따라서 총 가로 한 줄에서 찾을 수 있는 사각형의 개수는 4 + 3 + 2 + 1 = 10개입니다. 같은 방법으로 세로 한 줄에서 찾을 수 있는 사각형의 개수은 3 + 2 + 1 = 6개입니다. 대각선을 제외한 모양에서 찾을 수 있는 사각형의 개수는 가로 한 줄에서 찾은 사각형의 개수와 세로 한 줄에서 찾은 사각형의 개수를 곱하면 됩니다. 따라서 10 × 6 = 60개입니다.

Step 2 선분 AB 를 한변으로 하는 사각형은 사다리꼴 모양입니다. 이 모양의 사각형을 가로줄과 세로줄에서 찾으면 모두 5개입니다. 예를 들어 아래와 같이 사각형 5개 중 한 개의 빨간색 사각형을 찾을 수 있습니다. (5개)

Step 3 선분 CE 와 선분 ED를 한변으로 하는 사각형은 모두 사다리꼴 모양입니다. 이 모양의 사각형은 세로줄에서 각각 3개씩 입니다. 예를 들어 아래와 같이 각각의 사각형 3개 중 한 개의 노란색 사각형과 파란색 사각형을 찾을 수 있습니다. (3개, 3개)

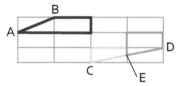

선분 CD 를 한변으로 하는 사각형은 사다리꼴 모양입니다. 이 모양의 사각형은 가로줄과 세로줄에서 모두 4개입니다. 예를 들어 아래와 같이 사각형 4개 중 한 개의 초록색 사각형을 찾을 수 있습니다. (4개)

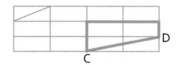

Step 4 벽화에서 찾을 수 있는 크고 작은 사각형은 60 + 5 + 3 + 3 + 4 = 75개입니다.

정답 : 75개

확인하기 1 24개의 직각이등변삼각형으로 이루어진 도형입니다. 이 도형에서 찾을 수 있는 크고 작은 정사각형의 개수를 구하세요.

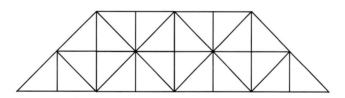

확인하기 2 정육각형에 대각선 5개를 그은 도형입니다. 이 도형에서 찾을 수 있는 크고 작은 삼각형의 개수를 구하세요.

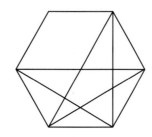

01   11개의 점을 연결한 도형입니다. 이 도형에서 찾을 수 있는 서로 다른 선분의 개수를 구하세요.

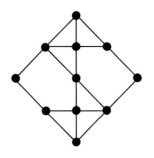

02   직사각형 4개와 정사각형 5개로 이루어진 도형입니다. 이 도형에서 찾을 수 있는 크고 작은 사각형의 개수를 구하세요.

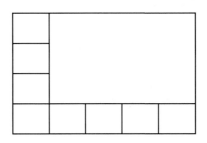

03   삼각형에 6개의 선분을 그은 도형입니다. 이 도형에서 찾을 수 있는 선분의 개수와 크고 작은 삼각형의 개수를 각각 구하세요.

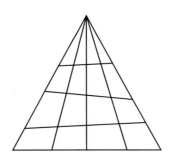

04 정사각형으로 이루어진 도형입니다. 이 도형에서 선을 따라 그릴 수 있는 정사각형의 개수를 구하세요.

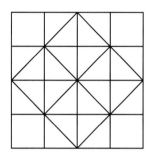

05 20개의 점을 연결한 도형입니다. 이 도형에서 찾을 수 있는 서로 다른 선분의 개수를 구하세요.

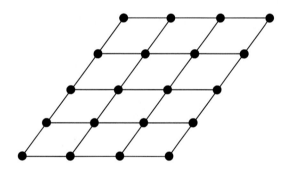

06 정삼각형 9개로 이루어진 도형입니다. 이 도형에 정삼각형 1개를 그려 넣어 찾을 수 있는 크고 작은 정삼각형의 개수가 20개가 되게 만드세요.

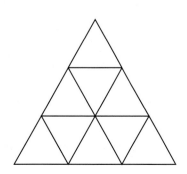

07 직선을 크기가 같은 10개의 각으로 나눈 것입니다. 아래의 그림에서 각 ABC는 직각일 때, 찾을 수 있는 예각과 둔각의 개수를 각각 구하세요.

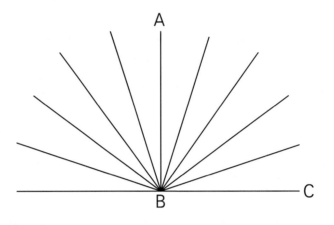

08 정사각형 6개에 4개의 대각선을 그은 도형입니다. 이 도형에서 찾을 수 있는 크고 작은 삼각형과 사각형의 개수를 각각 구하세요.

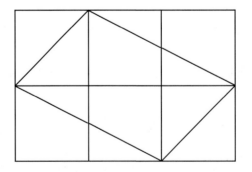

09 작은 정사각형 37개로 이루어진 도형입니다. 이 도형에서 찾을 수 있는 크고 작은 사각형의 개수를 구하세요.

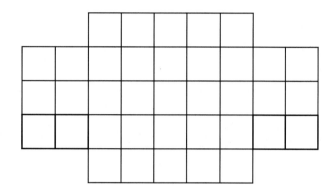

10 작은 직각이등변삼각형 32개로 이루어진 도형입니다. 이 도형에서 파란색 직각이등변삼각형을 포함하는 크고 작은 삼각형의 개수를 구하세요.

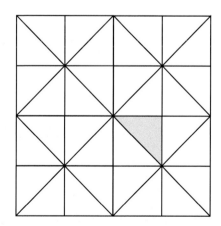

01 크기가 같은 정삼각형 16개로 이루어진 도형입니다. 이 도형에서 찾을 수 있는 크고 작은 사각형의 개수를 구하세요.

TIP!

큰 정삼각형의 한 변에서 바라본 방향을 중심으로 사각형을 먼저 찾습니다.

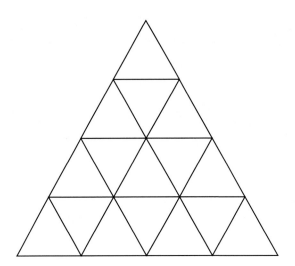

02 작은 정삼각형 4개로 도형을 만들고 선을 그었습니다. 이 도형에서 찾을 수 있는 크고 작은 삼각형의 개수를 구하세요.

TIP!

작은 정삼각형으로 나눠서 생각합니다.

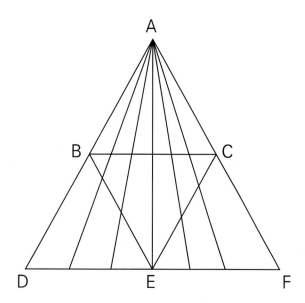

03 크기가 같은 작은 정삼각형으로 이루어진 도형입니다. 이 도형에서 ♥ 를 포함하지 않는 크고 작은 정삼각형의 개수를 구하세요.

TIP!

전체 삼각형의 개
수에서 ♥ 를 포함
한 삼각형의 개수
를 뺍니다.

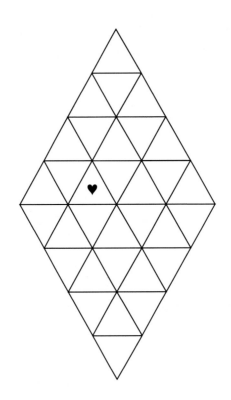

04 아래와 같이 삼각형을 나눌 때, 첫 번째 삼각형에서 찾을 수 있는 삼각형의 개수는 모두 3개입니다. 그 다음 두 번째 삼각형에서 찾을 수 있는 삼각형의 개수는 모두 8개입니다. 계속해서 대각선을 그어 삼각형을 나눌 때, 열 번째 삼각형에서 찾을 수 있는 삼각형의 개수는 모두 몇 개인지 구하세요.

TIP!

찾을 수 있는 삼각형의 개수의 합에서 규칙성을 찾아 봅니다.

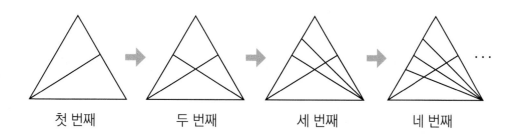

첫 번째   두 번째   세 번째   네 번째

01 정사각형 모양의 색종이를 총 5번 접은 다음 펼쳤습니다. 접은 종이를 펼친 모양에서 찾을 수 있는 크고 작은 삼각형의 개수를 모두 구하세요.

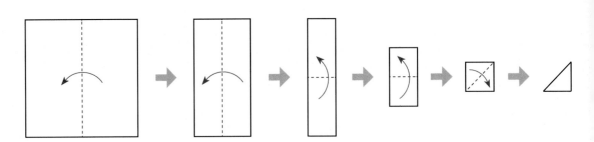

02
창의융합문제

〈규칙〉을 따라 무우가 나뭇가지 3개로 각의 개수가 11개를 제외하고 1개부터 12개까지 되는 도형을 각각 한 개씩 만들면 나뭇가지를 주겠다고 했습니다. 과연 무우는 나뭇가지 3개로 11개를 제외하고 1개부터 12개까지의 각을 찾을 수 있는 도형을 만들 수 있을까요?

> **규칙**
>
> 1. 평면 위에서 나뭇가지를 도형의 변으로 보고 각은 180°보다 작아야 합니다.
>
> 2. 두 개의 나뭇가지를 직선으로 놓을 수 있고 겹쳐서는 안됩니다.
>
> 예 2개의 나뭇가지로 각의 개수가 3개를 제외하고 1개부터 4개까지 되는 도형을 아래와 같이 각각 한 개씩 만들 수 있습니다.
>
> ▲ 1개의 각   ▲ 2개의 각   ▲ 4개의 각

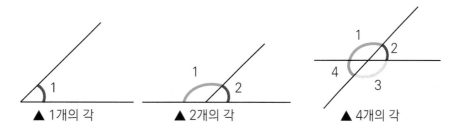

미국 서부에서 셋째 날 모든 문제 끝!
시애틀로 이동하는 무우와 친구들에게 어떤 일이 일어날까요?

기하판?

기하판(Geoboard,지오보드)은 영국의 수학교육자 가테노 (C. Gattegon)가 도형의 학습을 위해 고안한 것입니다.

이 기하판 위에 여러 가지 일정한 간격의 격자점에 못을 박고 고무줄을 걸쳐 여러 가지 도형을 만들 수 있습니다.

가장 많이 이용되는 것은 정사각형 격자점에 못을 박은 정사각 격자 기하판으로 (가로 × 세로) 가 5 × 5, 7 × 7, 11 × 11 등 종류가 다양합니다. 정사각 격자 기하판 뿐만 아니라 정삼각형의 꼭짓점에 못을 박은 정삼각 격자 기하판, 원의 둘레 위에 같은 간격으로 못을 받은 원형 기하판도 있습니다.

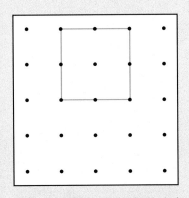

▲ 5 × 5 정사각 격자 기하판

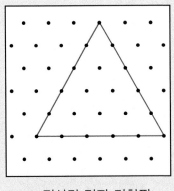

▲ 정삼각 격자 기하판

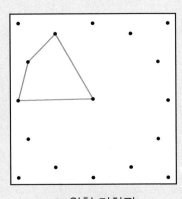

▲ 원형 기하판

4. 기하판 (지오보드)

미국 서부 넷째 날 DAY 4

무우와 친구들은 여행의 넷째 날, <시애틀>에 도착했어요. 시애틀의 <시애틀 아트 뮤지엄>, <스페이스 니들 타워>, <워싱턴 주립대학>, <볼런티어 파크>, <파이크 플레이스 마켓>을 여행하는 무우와 친구들을 기다리는 수학 문제는 어떤 것들이 있을까요?

미국 서부
American West

궁금해요 ?

과연 친구들은 문제를 풀고 입장권을 받을 수 있을까요?

원 위의 8개의 점 중 일부의 점을 이어 만든 삼각형 중에서 한 변에 점 A를 포함하거나 꼭짓점으로 하는 삼각형의 개수를 구하세요.

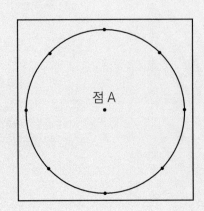

점 A

1 점을 이어 만든 도형의 개수

예시문제 일정한 간격으로 3 × 3 사각형 모양의 9개 점이 있을 때, 점을 이어 만들 수 있는 정사각형의 개수를 구하세요.

풀이 한 변의 길이를 기준으로 크기가 다른 정사각형을 구해야 합니다.
아래와 같이 총 4 + 1 + 1 = 6개를 찾을 수 있습니다.
개수는 3 + 2 + 1 = 6개입니다.

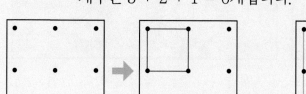 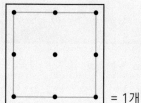 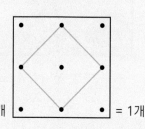

예시

〈원 위의 점을 이어 만든 선분과 도형의 개수〉

1. 원 위에 있는 점 중에서 어떠한 세 점도 같은 직선 위에 있지 않습니다.

2. 원 위에 5개의 점이 있을 때, 이 점을 이어 만들 수 있는 선분의 개수는
(점의 개수) × (점의 개수 − 1) ÷ 2 = 5 × 4 ÷ 2 = 10개입니다.

3. 원 위에 5개의 점이 있을 때, 이 점을 이어 만들 수 있는 삼각형의 개수는
(선분의 개수) × (점의 개수 − 2) ÷ 3 = 10 × 3 ÷ 3 = 10개입니다.

정답

삼각형의 한 변이 점 A를 지나는 경우와 삼각형의 한 꼭짓점이 점 A인 경우로 두 가지 경우로 나눠서 삼각형의 개수를 구할 수 있습니다.

1. 삼각형의 한 변이 점 A를 지나는 경우
가운데 점 A를 포함하도록 원 위의 두 점을 선분으로 그어야 합니다. 오른쪽과 같이 점 ㄱ과 점 ㅁ을 선분을 기준으로 삼각형 ㄱㅁㅇ, 삼각형 ㄱㅁㅅ, 삼각형 ㄱㅁㅂ을 만들 수 있습니다. 대칭되는 삼각형이 3개 더 있습니다. 따라서 총 6개의 삼각형을 구할 수 있습니다. 따라서 원 위에서 선분 ㄱㅁ과 같은 선분 ㅇㄹ, 선분ㅅㄷ, 선분 ㄴㅂ를 기준으로 각각 삼각형을 6개씩 구할 수 있습니다. 따라서 총 삼각형의 개수는 4 × 6 = 24 개입니다.

2. 삼각형의 한 꼭짓점이 점 A인 경우
원 위의 한 점과 점 A를 선분으로 그어야 합니다. 오른쪽과 같이 점 ㄱ과 점 A을 선분을 기준으로 삼각형 ㄱㅇA, 삼각형 ㄱㅅA, 삼각형 ㄱㅂA를 만들 수 있습니다. 대칭되는 삼각형이 3개 더 있습니다. 따라서 총 6개의 삼각형을 구할 수 있습니다. 따라서 원 위에서 선분 ㄱA와 같은 선분 ㅇA, 선분ㅅA, 선분 ㅂA, 선분 ㅁA, 선분 ㄹA, 선분 ㄷA, 선분 ㄴA을 기준으로 각각 삼각형을 6개씩 구할 수 있습니다. 구할 수 있는 삼각형의 개수는 모두 8 × 6 = 48개입니다. 하지만 48개 중에 삼각형 ㄱㅇA, ㅇAㄱ과 같은 삼각형이 2개씩 있습니다. 따라서 48 ÷ 2 = 24개입니다.

따라서 친구들이 구한 점 A를 포함하는 삼각형의 개수는 모두 24 + 24 = 48개입니다.

4 대표문제

무우는 벚꽃나무들을 아래와 같이 점으로 표현했습니다. 점들을 연결하여 만들 수 있는 크고 작은 이등변삼각형은 모두 몇 가지인지 구하세요. (단, 크기와 모양이 같으면 한 가지로 봅니다.)

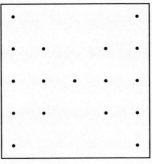

Step 1 ▌ 점을 이어 길이가 서로 다른 선분 6개를 아래와 같이 그렸습니다. 이외에 길이가 서로 다른 선분 8개를 모두 찾아 그리세요.

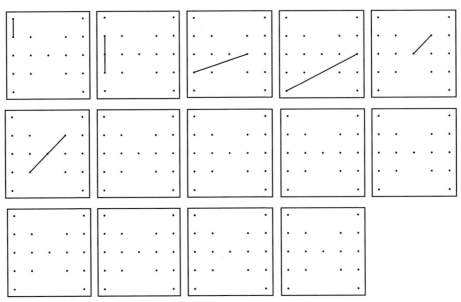

Step 2 ▌ Step 1 ▌ 에서 찾은 각 선분을 밑변으로 하는 이등변삼각형의 가짓수를 모두 구하세요.

Step 1 점을 이어 길이가 다른 선분들은 4 × 4, 4 × 3, 4 × 2, 4 × 1 직사각형의 대각선을 그을 수 있습니다. 3 × 3, 3 × 2, 3 × 1 직사각형의 대각선을 선분으로 그을 수 있습니다. 2× 2, 2 × 1 직사각형의 대각선을 선분으로 그을 수 있습니다. 1 × 1 정사각형의 대각선까지 선분으로 그을 수 있습니다. 또한, 두 점을 긋거나 점들이 일직선 상에 가운데 한 점, 두 점, 세 점을 포함할 때의 선분을 그을 수 있습니다. 따라서 아래와 같이 긋습니다.

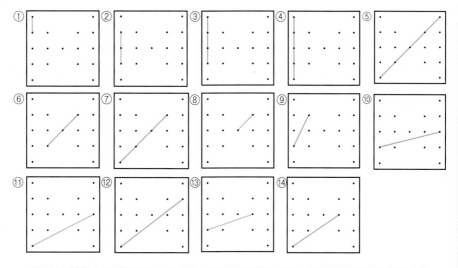

Step 2 위에서 찾은 선분을 밑변으로 하는 크기와 모양이 다른 이등변삼각형의 가짓수를 구합니다.

① = 0가지, ② = 4가지, ③ = 0가지, ④ = 4가지, ⑤ = 2가지,

⑥ = 2가지, ⑦ = 2가지, ⑧ = 2가지, ⑨ = 0가지, ⑩ = 0가지,

⑪ = 1가지, ⑫ = 0가지, ⑬ = 1가지, ⑭ = 0가지

따라서 점을 이어 만든 이등변삼각형은 총

4 + 4 + 2 + 2 + 2 + 2 + 1 + 1 = 4 × 2 + 2 × 4 + 2 = 8 + 8 + 2 = 18가지 입니다.

정답 : 18가지

아래의 점을 이어서 만들 수 있는 정삼각형의 개수를 모두 구하세요.

2. 원 위의 점을 이어 만든 도형의 개수

무우와 3명의 친구들은 서로 다른 창문에서 각자 전경을 감상합니다. 네 명이 보고 있는 창문들을 이어 사각형을 만들려고 합니다. 무우가 만들 수 있는 사각형의 개수를 구하세요.

Step 1 10개의 점 중에서 한 개의 점을 제외하고 나머지 점 중에서 세 점을 이어 만들 수 있는 삼각형의 개수를 구하세요.

Step 2 **Step 1** 에서 제외한 한 점과 원 위에 삼각형의 세 점과 연결하면 무슨 도형이 나오는지 말하세요.

Step 3 무우가 만들 수 있는 사각형의 개수를 구하세요.

Step 1 원 위의 10개 점을 오른쪽과 같이 A 부터 J 를 붙입니다. 원 위의 10개 점 중에서 점 A가 없다고 생각하고 9개의 점 중 세 점을 이어 만들 수 있는 삼각형의 개수를 구합니다. 먼저 9 개 점을 이어 만들 수 있는 선분의 개수는
(점의 개수) × (점의 개수 − 1) ÷ 2 = 9 × 8 ÷ 2 = 36개입니다.
9개 점으로 만들 수 있는 삼각형의 개수는
(선분의 개수) × (점의 개수 − 2) ÷ 3 = 36 × 7 ÷ 3 = 84개입니다.

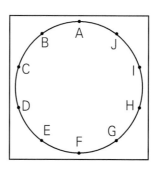

Step 2 **Step 1** 에서 제외한 한 점 A와 원 위에 삼각형의 세 점과 연결하면 사각형이 나옵니다.

Step 3 점 A를 포함하는 사각형의 개수는 모두 84개입니다. 이와 같은 방법으로 10개의 점을 이어 만들 수 있는 사각형의 개수는 84 × 10 = 840개입니다. **Step 2** 에서 구한 사각형 840개 중에 사각형 ABIJ, BIJA, IJAB, JABI 와 같은 사각형이 4 개씩 있습니다. 따라서 무한이가 만들 수 있는 사각형의 개수는
840 ÷ 4 = 210개입니다.

정답 : 210개

원 위에 6개의 점을 이어 만들 수 있는 선분의 개수를 모두 구하세요.

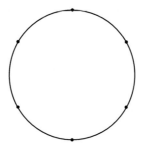

원 위에 8개의 점을 이어 만들 수 있는 삼각형의 개수를 모두 구하세요.

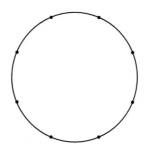

01 일정한 간격으로 15개의 점이 있습니다. 각 점을 꼭짓점으로 하는 서로 다른 직각삼각형의 가짓수를 구하세요. (단, 크기와 모양이 같으면 한 가지로 봅니다.)

02 일정한 간격으로 15개의 점이 있습니다. 각 점을 꼭짓점으로 하고 마주보는 변이 평행한 서로 다른 사각형의 가짓수를 구하세요. (단, 크기와 모양이 같으면 한 가지로 봅니다.)

03 일정한 간격으로 9개의 점에 각 수가 쓰여 있습니다. 이 중에서 3개의 점을 이어 삼각형을 만들 때, 세 꼭짓점에 쓰인 수의 합이 15가 되는 삼각형의 가짓수를 구하세요.

04 일정한 간격으로 11개의 점이 있습니다. 각 점을 꼭짓점으로 하는 삼각형 중에서 정삼각형이 아닌 삼각형의 개수를 모두 구하세요.

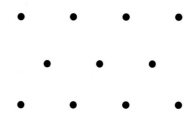

05 5 × 5 기하판에서 점을 이어 만들 수 있는 정사각형의 개수를 모두 구하세요.

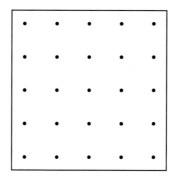

06 원 위에 일정한 간격으로 12 개의 점이 있습니다. 원 위의 두 점과 원의 중심 O 을 연결하여 중심각을 만들려고 할 때, 만들 수 있는 각 중에서 예각의 개수를 모두 구하세요.

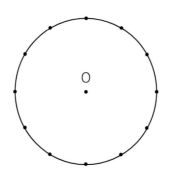

07 반원 위에 7개의 점이 있습니다. 이 점들을 이어 만들 수 있는 삼각형의 개수를 모두 구하세요.

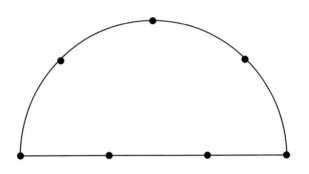

08 원 위에 12개의 점이 있습니다. 이 점들을 이어 만들 수 있는 사각형 중에서 등변사다리꼴의 개수를 모두 구하세요.

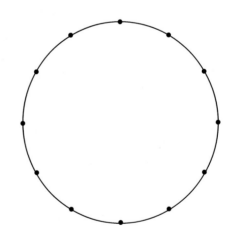

09 일정한 간격으로 가운데 점 5개와 나머지 점 5개를 별 모양으로 만들었습니다. 이 점들을 이어 만들 수 있는 삼각형의 개수를 모두 구하세요.

10 일정한 간격으로 16개의 점이 있습니다. 각 점을 꼭짓점으로 하는 서로 다른 이등변삼각형의 가짓수를 구하세요. (단, 크기와 모양이 같으면 한 가지로 봅니다.)

4 심화문제

01 9개의 점이 있습니다. 각 점을 이어 만들 수 있는 사각형의 개수를 모두 구하세요.

TIP!

일직선 위에 네 점 또는 세 점이 있을 때를 생각합니다.

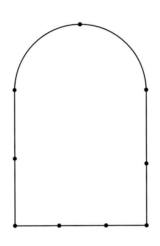

02 일정한 간격으로 18개의 점이 있습니다. 각 점을 꼭짓점으로 하는 삼각형의 개수를 모두 구하세요.

TIP!

18개의 점들이 원 위에 있다고 생각합니다.

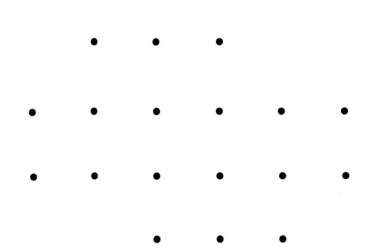

03 원 위에 12개의 점이 있습니다. 이 점들을 이어 만들 수 있는 삼각형 중에서 직각삼각형, 둔각삼각형, 예각삼각형, 정삼각형, 이등변삼각형의 개수를 각각 구하세요. (단, 이등변 삼각형에는 정삼각형이 포함되지 않습니다.)

TIP!
먼저 삼각형의 개수를 구합니다.

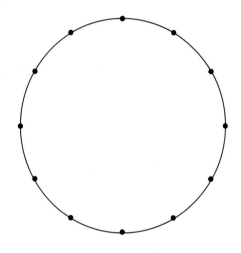

04 일정한 간격으로 19개의 점이 있습니다. 각 점을 꼭짓점으로 하는 삼각형의 개수를 모두 구하세요.

TIP!
정육각형의 점들을 원 위의 점으로 생각합니다.

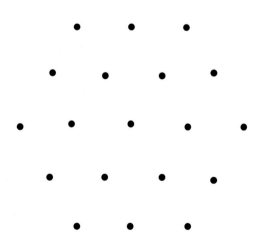

4 창의적문제해결수학

01 무우는 아래와 같이 일정한 간격으로 23개의 바둑돌을 놓았습니다. 상상이는 무우가 놓은 바둑돌로 이어 만들 수 있는 정삼각형을 찾을 수 있었습니다. 그런데 알알이가 무우가 놓은 바둑돌 몇 개를 가져갔습니다. 그 후 상상이가 다시 바둑돌로 이어 만들 수 있는 정삼각형을 찾았지만 하나도 찾지 못했습니다. 과연 알알이는 무우가 놓은 바둑돌을 최소 몇 개 가져갔을 지 구하세요.

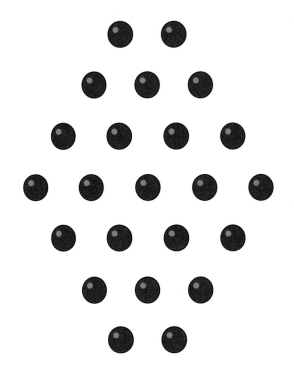

02
창의융합문제

점 9개 중 4개를 조건에 맞게 연결하는 방법을 모두 찾고 각 방법에서 만들 수 있는 도형의 개수를 구하세요. (단, 점을 연결할 때, 한붓 그리기로 연결합니다.)

```
· · ·

· · ·

· · ·
```

조건

1. 선분 3개로 점 4개를 연결합니다.

2. 직각이 2개가 되도록 합니다.

3. 한붓그리기로 연결합니다.

〈잘못 연결한 예〉
선분 3개 와 직각 2개를 만족했지만 점이 5개가 연결되어 조건을 만족하지 않습니다.

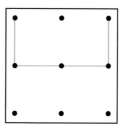

미국 서부에서 넷째 날 모든 문제 끝!
라스베이거스로 이동하는 무한이와 친구들에게 어떤 일이 일어날까요?

주령구?

▲ 주령구

1975년에 경주 안압지에서 발견된 주령구(酒令具)는 통일신라 시대에 왕과 귀족들이 술자리에서 사용했던 주사위 놀이 도구입니다. 이 주령구는 정사각형 6개와 육각형 8개로 이루어진 14면체 주사위입니다. 오늘날의 정육면체 모양의 주사위는 각 면의 넓이가 같은 합동인 정다면체입니다. 하지만 이 주령구의 사각형과 육각형은 서로 다른 모양으로 합동이 아닙니다. 정사각형의 두 변의 길이가 모두 2.5 cm 이므로 넓이가 6.25 cm² 입니다. 육각형을 두 개의 사다리꼴로 나누어 계산하면 6.265 cm² 이 나오게 됩니다. 따라서 두 넓이가 비슷하여 주령구를 굴렸을 때, 각 면이 나오는 확률이 같습니다.

주사위는 모든 면이 합동인 정다면체입니다.

주사위가 정확히 만들어진 시대는 알 수 없지만 상당히 오래전부터 사용되었습니다. 오늘날과 비슷한 모양의 주사위는 기원 전 10세기 이전의 고대 이집트의 상아나 동물의 뼈로 된 주사위가 있습니다. 또한, 기원전 49년에 율리우스 카이사르가 "주사위는 던져졌다." 라고 말한 후 루비콘 강을 건너 로마로 진격했다는 이야기가 유명합니다.

5. 정육면체

미국 서부
American West

미국 서부 다섯째 날 DAY 5

무우와 친구들은 여행의 다섯째 날, <라스베이거스>에 도착했어요. <룩소 호텔>, <하이 롤러 대관람차> 를 다니며 여행을 마치려는 친구들에게 어떤 수학 문제가 기다리고 있을까요?

궁금해요 ?

과연 친구들은 숙소 안으로 들어갈 수 있을까요?

정육면체의 면의 개수는 총 6개입니다. 접어서 정육면체를 만들 수 있는 서로 다른 모양의 가짓수를 구하세요. (단, 뒤집거나 돌려서 겹쳐지는 모양은 한 가지로 봅니다.)

아래와 같은 전개도로는 정육면체를 만들 수 없습니다.

1 주사위의 원리

1. 주사위는 정육면체의 각 면에 1부터 6까지의 수가 적혀있습니다.
2. 주사위의 마주보는 두 면에 적힌 수의 합은 항상 7입니다.
3. 주사위의 적힌 수가 아래의 그림과 같이 (1, 2, 3) 이 반시계 방향으로 적혀있을 때, (4, 5, 6) 도 같은 반시계 방향으로 적혀있습니다.

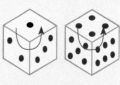

예시 위의 주사위 원리처럼 (1, 2, 3) 이 반시계 방향으로 적혀있고 각 면에 마주보는 두 면에 적힌 수의 합이 7인 주사위라면 아래와 같이 주사위 전개도를 완성할 수 있습니다.

① (1, 2, 3) 이 반시계 방향으로 적혀있으므로 A = 3 입니다.
② 두 면에 마주보는 수의 합이 7이므로 2 + B = 1 + D = 3 + C = 7
   입니다. 따라서 B = 5, C = 4, D = 6입니다.

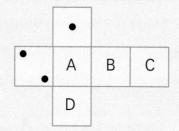
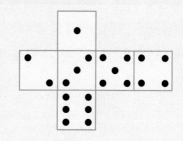

정답

정육면체의 면의 개수는 총 6개입니다. 한 변의 길이가 1인 작은 정사각형을 4 × 3 의 직사각형으로 붙여 그 위에 6개의 칸을 색칠하여 정육면체의 전개도의 가짓수를 구합니다. 이 외에도 5 × 3 의 직사각형으로 붙여도 정육면체의 전개도를 찾을 수 있습니다. 뒤집거나 돌려서 겹쳐지면 가짓수에서 제외합니다.

1. 아래와 같이 가운데에 4 × 1 직사각형을 색칠하는 경우, 총 4개의 칸이 채워졌습니다.
   노란색으로 윗 칸에 첫번째, 두번째 칸을 각각 한 개씩 칠해지는 경우를 나눠서 구하면 전개도가 총 6가지 나옵니다.

2. 아래와 같이 가운데에 3 × 1 직사각형을 색칠하는 경우, 총 3개의 칸이 채워졌습니다.
   초록색으로 윗 칸에 첫번째, 두번째 칸을 모두 칠해지는 경우를 구하면 총 3가지가 나옵니다.
   이 외에도 5 × 3 직사각형에서 초록색의 두 칸의 왼쪽에 칠해지는 경우가 한 가지가 더 있습니다.

3. 아래와 같이 가운데에 2 × 1 직사각형을 색칠하는 경우, 총 2개의 칸이 채워졌습니다.
   빨간색으로 윗 칸에 첫번째, 두번째 칸과 아래에 세번째, 네번째 칸을 모두 칠해지는 경우가 한 가지가 있습니다.

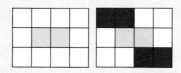

따라서 총 만들 수 있는 서로 다른 모양의 전개도는 11가지 입니다.

1. 주사위의 원리

아래의 주사위들은 1부터 6까지 적혀있는 하나의 주사위를 세 방향에서 본 그림입니다. 각 알파벳에 해당하는 수를 구해보세요.

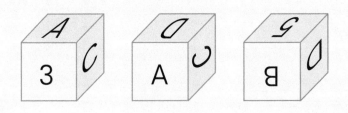

🔎 Step 1 ⬛ 아래의 그림과 같이 주사위의 전개도를 그렸을 때, 각 면의 들어갈 알파벳과 수를 적어보세요.

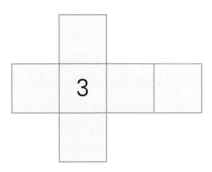

🔎 Step 2 ⬛ 각 알파벳에 해당하는 수를 구하세요.

풀이

Step 1
첫 번째 모양의 주사위를 보면 3을 기준으로 전개도에 윗 칸과 오른쪽 칸에 각각 A 와 C가 들어갑니다. 나머지 3칸에는 5, B, D가 들어가는데, 첫 번째 모양의 주사위 를 아래로 90° 만큼 굴리면 두 번째 모양의 주사위가 나옵니다. 따라서 3을 마주보 고 있는 알파벳은 D입니다. 두 번째 모양의 주사위를 아래로 90° 굴리고 반시계 방 향으로 90° 회전시키면 세 번째 모양의 주사위가 나옵니다. 바닥에는 5와 마주보 는 A가 있습니다. B의 왼쪽 면은 D입니다. 주사위 전개도에 아래와 같이 적을 수 있습니다.

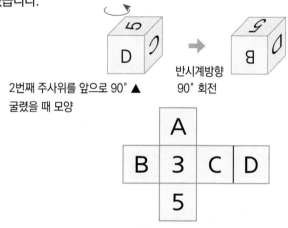

2번째 주사위를 앞으로 90° ▲ 굴렸을 때 모양

반시계방향 90° 회전

		A		
B	3	C	D	
		5		

Step 2
3과 마주보는 D = 4, 5와 마주보는 면인 A = 2가 들어갑니다.
나머지 (B, C) = (1, 6) 또는 (6, 1) 이 들어갈 수 있습니다.

정답: A = 2, (B, C) = (1, 6) 또는 (6, 1), D = 4

확인하기 1

아래의 그림은 정육면체를 각 면에 수를 쓰고 세 가지 방향에서 본 것입니다. 각 면과 마주보는 면에 쓰인 수의 합을 각각 구하세요. (단, 수가 쓰여진 방향은 생각 하지 않습니다.)

확인하기 2

아래의 그림은 마주보는 두 면의 합이 7인 주사위를 다른 위치에서 본 그림입니 다. 주사위 전개도를 선에 따라 접었을 때, 왼쪽의 주사위가 나오도록 빈 칸에 알맞 는 눈을 그려 넣으세요.

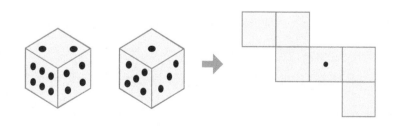

2. 정육면체의 전개도

아래의 정육면체들은 무우가 본 건축물을 두 방향에서 보았을 때의 모습입니다. 이 정육면체의 전개도를 완성하세요.

〈전개도〉

🔑 Step 1 ▌ 두 정육면체에서 옆의 모서리는 각각 선분 AB와 선분 CD입니다. 아래와 같이 정육면체의 전개도를 접었을 때, 점 A, 점 B, 점 C, 점 D가 만나는 점을 찾아 각각 선을 그으세요.

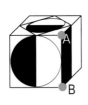

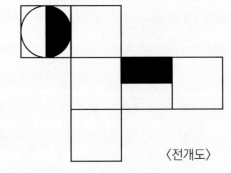

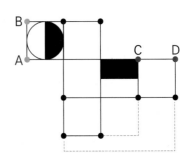

🔑 Step 2 ▌ 위의 정육면체 전개도에 빈 곳에 알맞은 그림을 그려 완성하세요.

Step 1 아래의 그림과 같이 점 A와 점 B가 만나는 점은 파란색 선으로 연결되어 있습니다. 점 C와 점 D가 만나는 점은 빨간색 선으로 연결되어 있습니다. 따라서 선분 AB와 만나는 면은 아래의 〈그림 1〉 과 같습니다. 또한 선분 CD 와 만나는 면은 아래의 〈그림 2〉 와 같습니다.

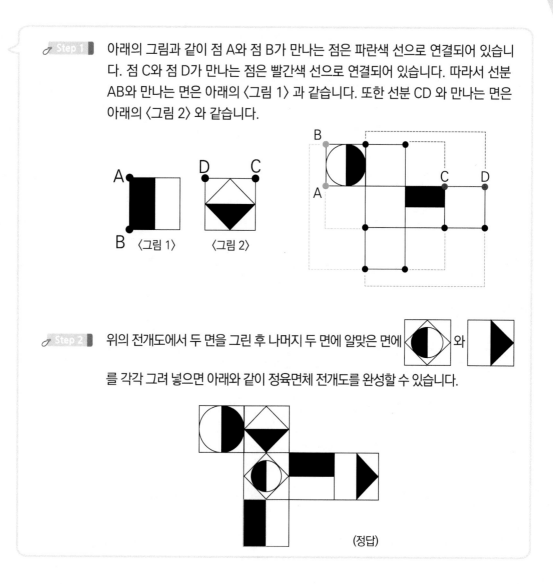

Step 2 위의 전개도에서 두 면을 그린 후 나머지 두 면에 알맞은 면에   와

를 각각 그려 넣으면 아래와 같이 정육면체 전개도를 완성할 수 있습니다.

(정답)

정육면체의 전개도를 선을 따라 접었을 때, 오른쪽의 정육면체가 나옵니다. 정육면체의 앞면 A와 옆면 B 에 해당하는 모양을 그리세요.

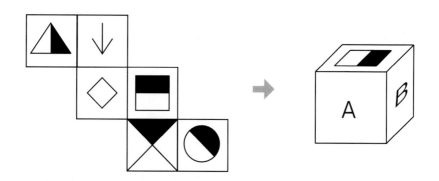

5 연습문제

01 왼쪽의 주사위 한 개는 마주보는 두 면의 합이 7입니다. 이 주사위를 다른 방향에서 봤을 때 물음표에 들어갈 눈의 수를 구하고 전개도를 완성하세요.

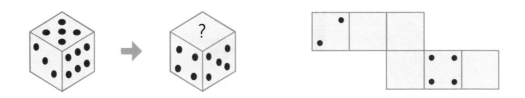

02 <보기>의 정육면체 전개도를 선을 따라 접어서 만들어지는 정육면체가 무엇인지 구하세요. (단, 알파벳이 쓰여진 방향은 생각하지 않습니다.)

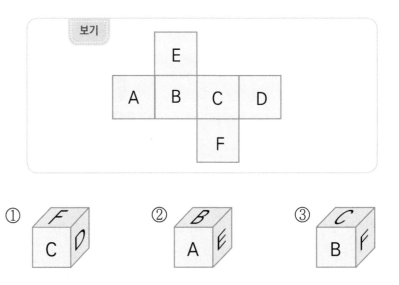

03 두 정육면체의 면에는 각각 마주보는 두 면의 합이 같게 각 면에 1, 3, 5, 7, 9, 11이 한 번씩 적혀있습니다. 두 정육면체가 맞닿은 면에 적힌 수의 합을 구하세요. (단, 두 정육면체에 적힌 수의 배열은 같습니다.)

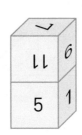

04 〈보기〉는 한 개의 정육면체를 세 방향에서 본 모양입니다. 이 정육면체의 전개도가 아래와 같을 때, 알맞는 그림을 그려넣어 전개도를 완성하세요.

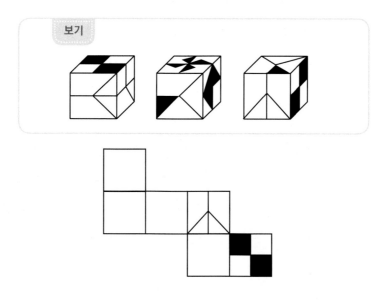

05 한 변의 길이가 1인 정사각형을 3 × 4 직사각형의 모양에서 정육면체 전개도를 만들려고 합니다. 아래와 같이 파란색의 3개의 정사각형을 색칠했을 때, 나머지 3개의 정사각형을 색칠하여 서로 다른 정육면체의 전개도를 몇 가지 만들 수 있는 지 구하세요.

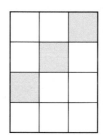

06 정육면체 전개도를 접었을 때, 한 꼭짓점에서 만나는 세 면에 적힌 수의 합이 가장 클 때와 가장 작을 때를 각각 구하세요.

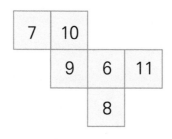

07 정육면체에 빨간색, 노란색, 초록색, 파란색, 흰색, 검은색으로 각 면을 모두 다른 색으로 6개의 면을 색칠했습니다. 아래와 같이 4개의 정육면체를 똑같이 색칠하여 서로 붙여놓았습니다. 빨간색, 노란색, 초록색의 면이 마주보는 색이 무엇인지 각각 구하세요.

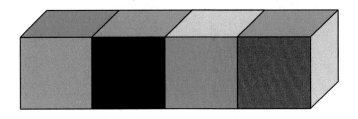

08 아래의 주사위는 마주보는 두 면의 눈의 합이 7입니다. 이 주사위를 ㉠ 방향으로 2번, ㉡ 방향으로 3 번, ㉢ 방향으로 2번 굴릴 때, 윗 면에 나타나는 눈의 수를 구하세요.

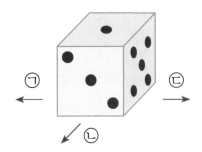

09 〈보기〉의 정육면체 위에 그어진 선을 전개도 위에 그려 보세요. (단, 점 E, F, G, H 는 모두 변의 중점입니다.)

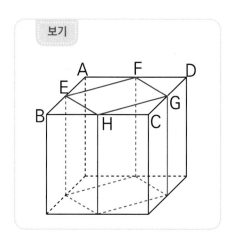

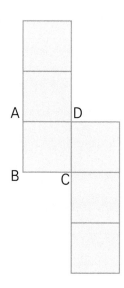

10 〈보기〉의 전개도를 선에 따라 접어 만든 정육면체를 화살표 방향으로 5번 굴렸을 때, 파란색의 바닥면에 닿은 정육면체의 면에 적힌 수의 합을 구하세요.

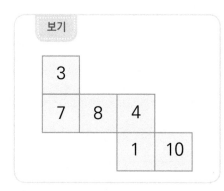

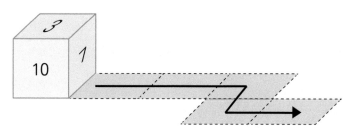

01 아래의 그림과 같이 마주보는 면의 눈의 합이 7이 아닌 똑같은 주사위 5개를 쌓았습니다. 각 주사위가 서로 붙어있는 면에 적힌 눈의 수의 합을 구하세요.

TIP!

주사위 눈의 방향에 집중합니다.

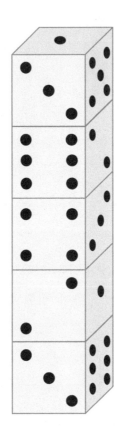

02 5개의 정육면체가 붙어있습니다. 각 정육면체의 6개의 면에는 1부터 6까지 수가 적혀있습니다. 서로 마주보는 면에 적힌 두 수의 합은 7 이고 서로 붙어있는 면에 적힌 두 수의 합은 8입니다. 파란색 면에는 2, 노란색 면에는 6이 적혀있을 때, 빨간색 면에 적힌 수를 구하세요.

TIP!

먼저 파란색 면에 마주보는 수를 구 합니다.

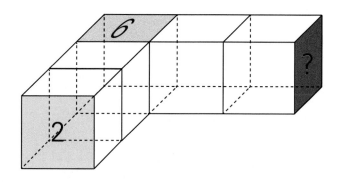

03 마주보는 두 면의 수의 합이 7인 주사위 6개를 붙여서 쌓았습니다. 각 주사위끼리 맞닿은 면에 적힌 수가 같을 때, 붙여 놓은 주사위의 겉면에 적힌 눈의 수의 합을 가장 크게 만드세요. (단, 겉면에는 밑면도 포함됩니다.)

TIP!

주사위 눈에서 가장 큰 수를 먼저 채웁니다.

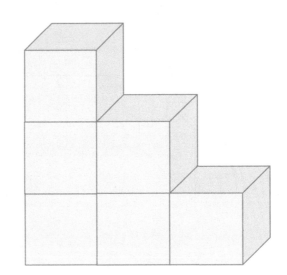

04 1부터 6까지 적혀있는 전개도 A로 만든 똑같은 정육면체 8개를 C와 같이 쌓았습니다. C와 같이 쌓았을 때, 바닥면에 닿는 밑면의 수가 B와 같이 적혀있습니다. C에서 8개의 정육면체가 서로 붙어있는 면에 적힌 눈의 수의 합을 구하세요.

TIP!
먼저 전개도에 수를 적어 완성합니다.

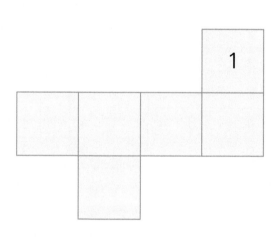

A. 전개도

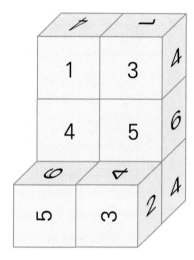

C. 8개의 정육면체

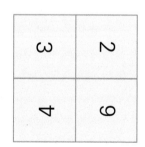

B. 밑면에 적힌 수

01 5 × 5 정사각형 칸에 1부터 4까지 수가 적혀있는 3개의 같은 판이 있습니다. 이 중의 한 판에서 6개의 칸을 색칠하여 정육면체 전개도를 만들려고 합니다. 이 정육면체 전개도로 만든 정육면체 중에서 한 꼭짓점에서 만나는 세 면의 적힌 수의 곱이 모두 같은 전개도를 3가지 만드세요. (단, 전개도의 모양은 같아도 됩니다.)

1	2	1	2	1
4	3	4	3	2
2	3	2	4	3
1	4	1	3	4
1	2	3	2	1

1	2	1	2	1
4	3	4	3	2
2	3	2	4	3
1	4	1	3	4
1	2	3	2	1

1	2	1	2	1
4	3	4	3	2
2	3	2	4	3
1	4	1	3	4
1	2	3	2	1

02
창의융합문제

아래의 그림과 같이 정육면체 전개도를 선을 따라서 접었을 때, 이 전개도에서 선분 AB와 만나지 않거나 또는 평행하지 않는 선분을 모두 구하세요.

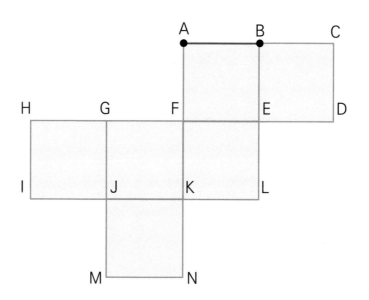

미국 서부에서 다섯째 날 모든 문제 끝!
친구들과 함께하는 수학여행을 마친 소감은 어떤가요?

MEMO

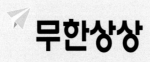

무한상상

창 의 영 재 수 학

아이_앤아이

정답 및 풀이

중급
초등 4~6학년
B
도형
미국 서부편

무한상상

아이 앤 아이

창·의·력·수·학 / 과·학

영재학교·과학고	영재교육원·영재성검사	과학대회 준비
아이앤아이 물리학 (상,하)	아이앤아이 영재들의 수학여행 수학 32권 (5단계)	아이앤아이 꾸러미 과학대회 초등 – 각종 대회, 과학 논술/서술
아이앤아이 화학 (상,하)	아이앤아이 꾸러미 48제 모의고사 수학 3권, 과학 3권	아이앤아이 꾸러미 과학대회 중고등 – 각종 대회, 과학 논술/서술
아이앤아이 생명과학 (상,하)	아이앤아이 꾸러미 120제 수학 3권, 과학 3권	
아이앤아이 지구과학 (상,하)	아이앤아이 꾸러미 시리즈 (전4권) 수학, 과학 영재교육원 대비 종합서	
	아이앤아이 초등과학 시리즈 (전4권) 과학 (초 3,4,5,6) – 창의적문제해결력	

무한상상

Imagine Infinite!

창의영재수학

아이앤아이

정답 및
풀이

중급
초등 4~6학년
B
도형
미국 서부편

1. 도형 나누기

[정답] 풀이 과정 참조

[풀이 과정]

① 6개의 정삼각형으로 붙인 도형을 모양과 크기가 같은 4개의 사각형으로 등분하기 위해서 먼저 작은 단위로 쪼개야 합니다.

② 아래의 (㉠ 도형)과 같이 작은 삼각형 24개로 나눈다면 모양과 크기가 같은 4개의 사각형으로 등분이 불가능합니다.

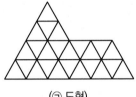

(㉠ 도형)

③ 아래의 (㉡ 도형)과 같이 작은 삼각형 12개로 나눌 때에도 모양과 크기가 같은 4개의 사각형으로 등분이 불가능합니다.

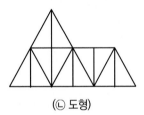

(㉡ 도형)

④ 아래와 같이 먼저 정삼각형을 3개씩 나눈 다음에 3개의 정삼각형으로 2개의 사각형을 만듭니다.

⑤ 3개의 정삼각형을 두 사각형으로 나눈 도형을 서로 붙이면 모양과 크기가 같은 4개의 사각형으로 나눠집니다.

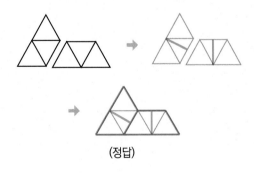

(정답)

[정답] 풀이 과정 참조

[풀이 과정]

① 각 조각들이 회전하거나 뒤집었을 때 겹치면 1가지입니다.

② 따라서 4 × 4 정사각형을 크기와 모양이 같게 4등분하는 방법은 아래와 같습니다.

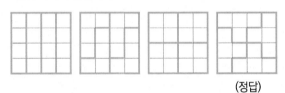

(정답)

[정답] 풀이 과정 참조

[풀이 과정]

① 아래와 같이 먼저 나누어지는 각 도형에 각 문자가 하나씩 들어가야하므로 붙어있는 같은 문자 사이에 파란선 보조선을 긋습니다.

② 정삼각형을 3등분하기 위해 시계 방향으로 360° ÷ 3 = 120° 씩 돌려서 나누어진 모습이 같도록 보조선을 추가합니다.

③ 아래와 같이 순서대로 정삼각형을 120° 씩 돌리면서 보조선을 추가하면 정답과 같이 나눈 모양이 나옵니다.

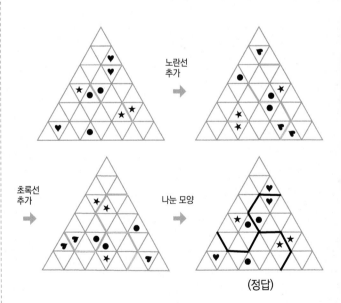

(정답)

연습문제 **01** ···························· P. 16

[정답] 풀이 과정 참조

[풀이 과정]

① 정오각형을 5등분하기 위해 5개나 10개로 작은 단위로 쪼개야 합니다. 따라서 각 꼭짓점에서 중심까지 선분을 긋습니다. 따라서 크기와 모양이 같은 이등변삼각형이 5개 생깁니다.

② 정오각형의 중심에서 각 이등변삼각형의 밑변에 90°로 직선을 긋습니다. 따라서 직각삼각형이 10개 생깁니다.

③ 2개의 직각삼각형의 빗면이 만나도록 붙인 도형으로 정오각형을 5등분 합니다.

④ 아래의 순서대로 정오각형을 작은 단위 조각들로 쪼개어 모양과 크기가 같은 사각형으로 5등분을 할 수 있습니다.

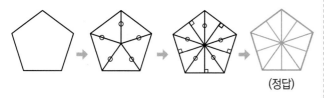

(정답)

연습문제 **02** ···························· P. 16

[정답] 풀이 과정 참조

[풀이 과정]

① 아래와 같이 나누어지는 각 도형에 각 문자가 두개씩 들어가도록 붙어있는 문자 사이에 파란색 보조선을 긋습니다. 하지만 처음부터 붙어있는 ● 사이에 보조선을 그으면 4등분을 할 수 없습니다. 따라서 ▲ 사이에 먼저 파란선 보조선을 긋습니다.

② 구멍뚫린 정사각형이므로 이 도형을 90°씩 회전시켰을 때 나누어지는 조각의 모습은 같습니다. 따라서 90°씩 돌려 보조선을 추가합니다.

③ 이 도형의 작은 정사각형 총 개수는 24개입니다. 총 24개를 4등분해야 합니다. 따라서 24 ÷ 4 = 6개로 나누어지는 조각의 개수에 맞게 나눕니다.

④ 각 조각의 개수의 맞게 합동이 되도록 4등분을 하면 아래와 같습니다.

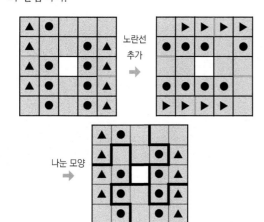

(정답)

연습문제 **03** ···························· P. 16

[정답] 풀이 과정 참조

[풀이 과정]

① 아래와 같이 정사각형 2개와 직각이등변삼각형 2개를 작은 단위 조각들로 쪼개서 생각합니다.

② 작은 단위 조각들은 작은 정사각형 10개와 작은 이등변삼각형 4개로 이루어졌습니다.

③ 작은 이등변삼각형 1개와 작은 정사각형 1개로 사각형을 만들 수 있습니다. 작은 이등변 삼각형이 부족하면 작은 정사각형에 대각선 1개를 그어 만들 수 있습니다.

④ 따라서 ◿◹ 도형으로 8등분을 할 수 있습니다. 이외에도 배치하는 방식에 따라 여러 가지가 있습니다.

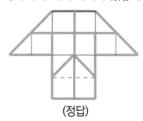

(정답)

연습문제 **04** ···························· P. 17

[정답] 풀이 과정 참조

[풀이 과정]

① 정육각형을 작은 정삼각형으로 쪼개어 생각합니다.

② 가운데 작은 정삼각형 6개를 붙인 모양은 작은 정육각형이 됩니다. 이 작은 정육각형을 모양과 크기가 같은 도형으로 3등분 합니다.

③ 이 도형의 작은 성삼각형의 총 개수는 30개입니다. 총 30개를 3등분해야합니다. 따라서 30 ÷ 3 = 10개로 나누어지는 조각의 개수에 맞게 나눕니다.

④ 도형을 3등분 하기위해 360° ÷ 3 = 120°씩 회전해서 조각들이 모두 같아야 합니다.

⑤ 아래의 정답 이외에도 정육각형의 세 변 중에서 정삼각형이 없는 변을 이등분하여 중심점으로 긋는 방식도 있습니다 (정답 3). 나누는 방식에 따라 여러 가지가 있습니다.

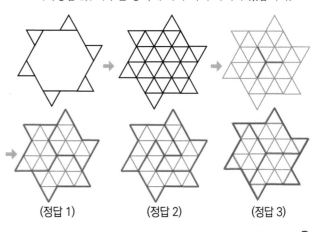

(정답 1)   (정답 2)   (정답 3)

연습문제 **05** ······· P. 17

[정답] 풀이 과정 참조

[풀이 과정]

① 정팔각형을 작은 단위 조각들로 쪼개서 생각합니다.

② 가운데 작은 삼각형 4개를 붙인 모양은 작은 정사각형입니다. 이 작은 정사각형은 90°씩 돌려도 4등분이 되어야 하므로 파란선으로 보조선을 긋습니다.

③ 작은 단위 조각들은 작은 삼각형 28개로 이루어졌습니다. 총 28개를 4등분해야합니다. 따라서 28 ÷ 4 = 7개로 나누어지는 조각의 개수에 맞게 나눕니다.

④ 따라서 (정답 1)과 같이 정팔각형을 4등분을 할 수 있습니다.

⑤ 이외에도 (정답 2)와 같이 정팔각형의 중심을 지나도록 각 꼭짓점끼리 대각선을 긋는 방법으로 4등분할 수 있습니다. 나누는 방식에 따라 여러 가지가 있습니다.

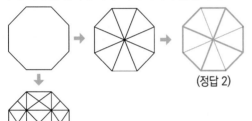

(정답 1)

연습문제 **06** ······· P. 18

[정답] 풀이 과정 참조

[풀이 과정]

① 각 조각들을 회전하거나 뒤집었을 때 겹치면 1가지입니다.

② 따라서 작은 삼각형 32개를 크기와 모양이 같게 4등분하는 방법은 아래와 같습니다. 이외에도 배치하는 방식에 따라 여러 가지가 있습니다.

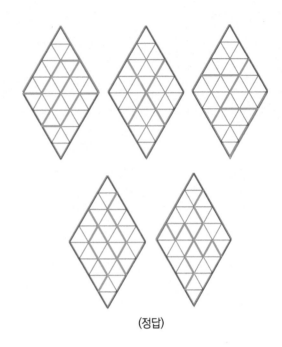

(정답)

연습문제 **07** ······· P. 18

[정답] 풀이 과정 참조

[풀이 과정]

① 정사각형 2개와 직각이등변삼각형 2개를 작은 단위 조각들로 쪼개서 생각합니다. 작은 정사각형 10개와 작은 삼각형 4개로 쪼개면 4등분된 사각형을 만들 수 없습니다.

② 더 작은 단위 조각들로 쪼갭니다. 아래와 같이 더 작은 삼각형 96개로 쪼개면 4등분된 사각형을 만들 수 있습니다. 따라서 96 ÷ 4 = 24개로 나누어지는 조각의 개수에 맞게 나눕니다.

③ 따라서 아래와 같이 정사각형 2개와 직각이등변삼각형 2개를 사각형으로 4등분할 수 있습니다.

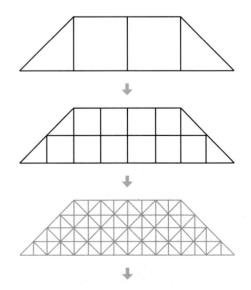

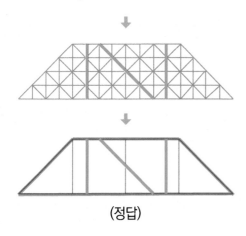

(정답)

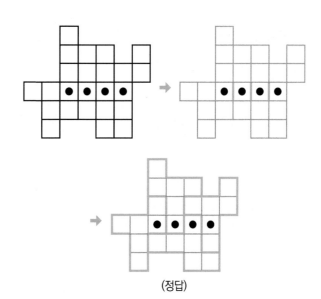

(정답)

연습문제 **08** ⋯⋯⋯⋯⋯⋯⋯⋯⋯ P. 18

[정답] 풀이 과정 참조

[풀이 과정]

① 아래와 같이 나누어지는 각 도형에 각 문자가 하나씩 들어 가도록 붙어있는 문자 사이에 파란색 보조선을 긋습니다.

② 이 도형의 작은 정사각형 총 개수는 32개입니다. 총 32개 를 4등분해야합니다. 따라서 32 ÷ 4 = 8개로 나누어지 는 조각의 개수에 맞게 같은 모양으로 나눕니다.

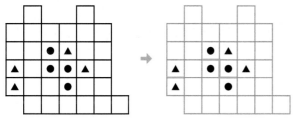

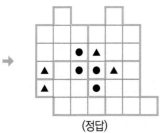

(정답)

연습문제 **09** ⋯⋯⋯⋯⋯⋯⋯⋯⋯ P. 19

[정답] 풀이 과정 참조

[풀이 과정]

① 아래와 같이 나누어지는 각 도형에 각 문자가 하나씩 들어 가도록 붙어있는 문자 사이에 파란색 보조선을 긋습니다.

② 이 도형의 작은 정사각형 총 개수는 24개입니다. 총 24개 를 4등분해야합니다. 따라서 24 ÷ 4 = 6개로 나누어지 는 조각의 개수에 맞게 나눕니다.

연습문제 **10** ⋯⋯⋯⋯⋯⋯⋯⋯⋯ P. 19

[정답] 풀이 과정 참조

[풀이 과정]

① 각 조각 안의 적힌 수의 합이 모두 같기 위해 각 수가 두개 씩 들어가야 합니다. 따라서 붙어있는 숫자 사이에 파란색 보조선을 긋습니다. 하지만 처음부터 붙어있는 1 사이에 보 조선을 그으면 3등분을 할 수 없습니다. 따라서 2와 3 사이 에 먼저 파란선 보조선을 긋습니다.

② 이 도형의 작은 정사각형 총 개수는 18개입니다. 총 18개 를 3등분해야합니다. 따라서 18 ÷ 3 = 6개로 나누어지는 조각의 개수에 맞게 나눕니다.

		1	2	
3	1	2	3	1
	2	3	1	2
	3	1	2	3
		1	2	3

		1	2	
3	1	2	3	1
	2	3	1	2
	3	1	2	3
		1	2	3

		1	2	
3	1	2	3	1
	2	3	1	2
	3	1	2	3
		1	2	3

(정답)

정답 및 풀이

심화문제 01 ·· P. 20

[정답] 풀이 과정 참조

[풀이 과정]

① 두 정사각형을 겹쳐서 놓으면 같은 문자 총 4개씩 있습니다. 같은 문자가 나누어진 조각의 중복되어 들어갈 수 있습니다. 따라서 첫번째 정사각형에 쓰인 문자를 대문자에서 소문자로 바꿉니다.

② 아래와 같이 나누어지는 각 도형에 각 문자가 하나씩 들어가도록 붙어있는 문자 사이에 파란색 보조선을 긋습니다.

③ 정사각형을 2등분해야 하므로 이 도형을 180°씩 회전시켰을 때 나누어지는 조각의 모습은 같습니다. 따라서 180°씩 돌려 보조선을 추가합니다.

④ 이 도형의 작은 정사각형 총 개수는 36개입니다. 총 36개를 2등분해야 합니다. 따라서 36 ÷ 2 = 18개로 나누어지는 조각의 개수에 맞게 나눕니다. 각 조각에는 a, A, b, B, c, C, d, D가 각각 포함됩니다.

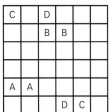

〈첫번째 정사각형〉

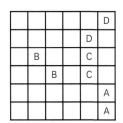

〈두번째 정사각형〉

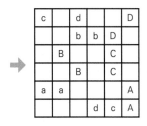

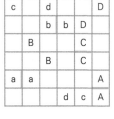

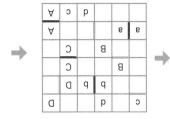

(정답)

심화문제 02 ·· P. 21

[정답] 풀이 과정 참조

[풀이 과정]

① 먼저 6×4 정사각형을 아래(그림 1)과 같이 3×2 사각형으로 4등분 합니다.

② 각 사각형 안의 적힌 수들의 합을 구합니다.

 i . $1 + 16 + 14 + 15 + 24 + 23 = 93$

 ii . $19 + 6 + 5 + 7 + 22 + 13 = 72$

 iii . $9 + 8 + 17 + 10 + 11 + 2 = 57$

 iv . $3 + 20 + 12 + 18 + 21 + 4 = 78$

③ i .는 $93 - 75 = 18$ 만큼 많고 ii .는 $75 - 72 = 3$ 만큼 부족하고 iii .는 $75 - 57 = 18$ 만큼 부족하고 iv .는 $78 - 75 = 3$ 만큼 많습니다.

 따라서 3×2 사각형으로 등분하면 안됩니다.

④ i . $1 + 16 + 14 + 15 + 24 + 23 = 93$ 에서 14 와 23을 빼면 $93 - 14 - 23 = 56$입니다. 이때 i .에 필요한 수는 $75 - 56 = 19$입니다. iii .에서 9 와 10을 가져와 i .에 더하면 됩니다.

⑤ i . $1 + 16 + 9 + 15 + 24 + 10 = 75$가 됩니다. 따라서 iii . $8 + 17 + 11 + 2 = 38$이 됩니다.

 iii .에 필요한 수는 $75 - 38 = 37$입니다.

 iii .에 14 와 23을 추가해 75를 만들 수 있습니다.

⑥ ii .와 iv .도 ④와 ⑤의 방법처럼 구할 수 있습니다.

 ii .와 iv .에서 각 두 수를 더한 값을 서로 뺐을 때 차이가 3이 되는 경우를 찾습니다.

 하지만 i .과 iii .에서 나눈 모양과 같아야 합니다.

 ii . $5 + 13 = 18$이고 iv . $3 + 18 = 21$입니다.

 $21 - 18 = 3$이므로 ii .의 5, 13과 iv .의 3, 18을 각각 iv .와 ii .에 넣으면 됩니다.

⑦ 이렇게 각 수의 합이 75가 되도록 4등분할 수 있습니다.

i .

1	16	14	19	6	5
15	24	23	7	22	13
9	8	17	3	20	12
10	11	2	18	21	4

ii .

iii .

iv .

(그림 1)

1	16	14	19	6	5
15	24	23	7	22	13
9	8	17	3	20	12
10	11	2	18	21	4

(정답)

[정답] 풀이 과정 참조

[풀이 과정]

① 칸에 적힌 숫자는 그 칸을 포함하여 나누어지는 칸의 개수입니다. 따라서 숫자 1은 한칸을 의미하므로 먼저 나눕니다.

② 가장 작은 숫자부터 칸을 나누어 생각합니다.
　여러 번 시행착오를 하면서 풀어야 합니다.

③ 아래와 같이 같은 숫자가 적힌 조각은 크기와 모양이 같아야 합니다.

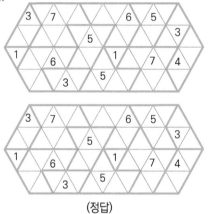

(정답)

[정답] 풀이 과정 참조

[풀이 과정]

① 아래와 같이 나누어지는 각 도형에 각 문자가 하나씩 들어가도록 붙어있는 문자 사이에 파란색 보조선을 긋습니다.

② 이 도형의 작은 정사각형 총 개수는 35개입니다. 총 35를 5등분해야 합니다. 따라서 35 ÷ 5 = 7개로 나누어지는 조각의 개수에 맞게 나눕니다.

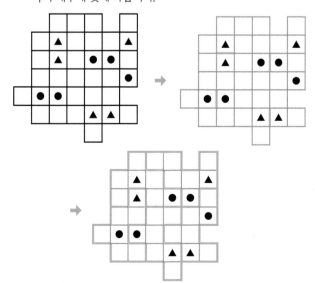

(정답)

[정답] 풀이 과정 참조

[풀이 과정]

① 아래와 같이 나누어지는 각 도형에 각 문자가 하나씩 들어가도록 붙어있는 문자 사이에 파란색 보조선을 긋습니다.

② 정사각형을 4등분하기 위해 이 도형을 90°씩 회전시켰을 때 나누어지는 조각의 모습은 같습니다.
　따라서 4 × 4 정사각형에서 원하는 모양의 보조선을 그어 90°씩 돌려 나머지 4 × 4 정사각형 3개에 긋습니다.

③ 이 도형의 작은 정사각형 총 개수는 64개입니다. 총 64개를 4등분해야합니다. 따라서 64 ÷ 4 = 16개로 나누어지는 조각의 개수에 맞게 나눕니다.

④ 따라서 아래와 같이 8 × 8 정사각형을 4등분을 할 수 있습니다.
　이외에도 배치하는 방식에 따라 여러 가지가 있습니다.

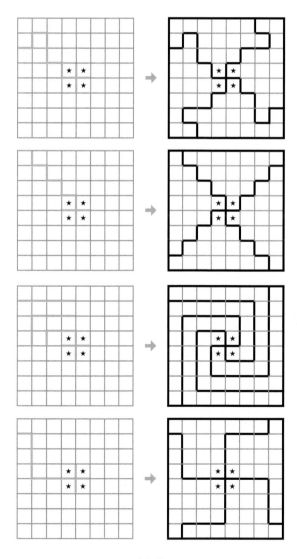

(정답)

[정답] 풀이 과정 참조

[풀이 과정]

① 지붕 위의 모양 ◢ 으로 만들어 쪼갭니다. 두 개의 정사각형을 붙인 모양에 대각선을 한 개씩 그어서 작은 단위 조각들로 쪼갭니다.

② 모양 ◢ 의 직각삼각형이 총 18개 생깁니다. 총 18개를 6등분해야 합니다. 따라서 18 ÷ 6 = 3개로 나누어지는 조각의 개수에 맞게 나눕니다.

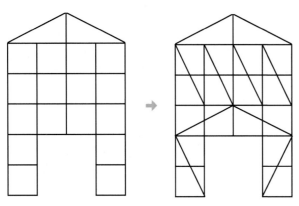

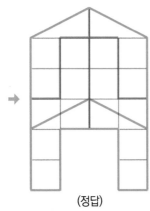

(정답)

2. 도형 붙이기

[정답] 7개

[풀이 과정]

① 아래의 도형과 같이 1 × 1 도형, 2 × 1 도형, 2 × 2 도형이 각각 1개일 때 서로 다른 사각형이 됩니다. (3개)

② 아래의 도형과 같이 높이가 1인 사각형을 2개 만들 수 있습니다. 이외에도 붙이는 방법이 다를 수 있습니다.

③ 아래의 도형과 같이 높이가 2인 사각형을 2개 만들 수 있습니다. 이외에도 붙이는 방법이 다를 수 있습니다.

④ 따라서 만들 수 있는 사각형의 총 개수는 3 + 2 + 2 = 7개입니다.

[정답] 풀이 과정 참조

[풀이 과정]

① 6 × 6 정사각형을 2등분하기 위해 한 조각은 36 ÷ 2 = 18칸으로 구성되어야 합니다.

② 주어진 도형을 가로와 세로가 6칸 이하이고 한 조각에 18칸이 포함되도록 2등분 합니다.

③ 따라서 아래와 같이 나눈 선과 등분한 조각들을 붙여서 만든 정사각형에 붙인 선을 그을 수 있습니다.

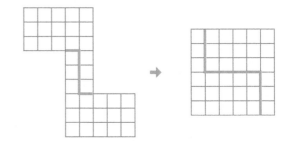

[정답] 풀이 과정 참조

[풀이 과정]

① 6 × 6 정사각형을 2등분하기 위해 한 조각은 36 ÷ 2 = 18 칸으로 구성되어야 합니다.

② 주어진 도형을 가로와 세로가 6칸 이하이고 한 조각에 18칸 이 포함되도록 2등분 합니다.

③ 따라서 아래와 같이 나눈 선과 등분한 조각들을 붙여서 만든 정사각형에 붙인 선을 그을 수 있습니다.

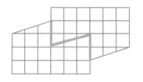

[정답] 풀이 과정 참조

[풀이 과정]

① 4 × 9 직사각형을 2등분하기 위해 한 조각은 36 ÷ 2 = 18칸으로 구성되어야 합니다.

② 주어진 도형을 가로와 세로가 6칸 이하이고 한 조각에 18 칸이 포함되도록 2등분 합니다.

③ 따라서 아래와 같이 6 × 6 정사각형을 만들 수 있고 나눈 선을 그을 수 있습니다.

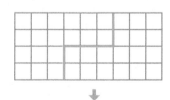

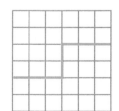

[정답] 풀이 과정 참조

[풀이 과정]

① 크기가 같은 정삼각형을 이어 붙여 만들 수 있는 사각형 모양은 ▱ 와 ▱ 로 두 가지 뿐입니다.

② ▱ 모양을 한 줄로 만들 때, 정삼각형의 개수는 모두 짝수 개입니다. ▱ 모양을 2층 이상으로 만들 때에도 각 층의 정삼각형의 개수는 모두 짝수 개입니다.
예를 들어 크기가 같은 정삼각형의 개수가 총 8개일 때, 아래와 같이 ▱ 모양으로 배치하는 방식은 총 2가지입 니다.

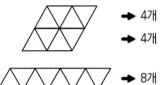

➡ 4개
➡ 4개

➡ 8개

③ ▱ 모양을 한 줄로 만들 때 정삼각형의 개수는 모두 홀수 개입니다. ▱ 모양을 2층 이상으로 만들 때 각 층의 정삼각형의 개수는 2개씩 늘어납니다.
예를 들어 크기가 같은 정삼각형의 개수가 총 15개일 때, 아래와 같이 ▱ 모양으로 배치하는 방식은 총 2가지 입니다.

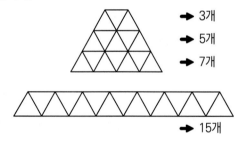

➡ 3개
➡ 5개
➡ 7개

➡ 15개

④ 크기가 같은 정삼각형의 총 개수가 21개로 홀수 개이므로 ▱ 의 모양의 사각형은 만들 수 없습니다.
따라서 아래와 같이 ▱ 모양의 사각형을 2개 만들 수 있습니다.

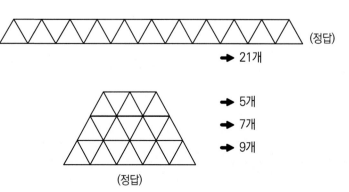

(정답)

➡ 21개

➡ 5개
➡ 7개
➡ 9개

(정답)

정답 및 풀이

[정답] 6개

[풀이 과정]

① 주어진 도형 1개부터 4개까지 사용하여 사각형을 만든 방법을 생각해봅시다.

② 아래의 도형과 같이 도형 한 개를 사용하여 사각형을 2개 만들 수 있습니다.

③ 아래의 도형과 같이 도형 2개를 사용하여 사각형을 2개 만들 수 있습니다.

 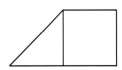

④ 아래의 도형과 같이 도형 3개를 사용하여 사각형을 1개 만들 수 있습니다.

⑤ 아래의 도형과 같이 도형 4개를 사용하여 사각형을 1개 만들 수 있습니다.

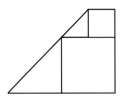

⑥ 이외에도 크기는 같지만 붙이는 방법이 다를 수 있습니다. 따라서 만들 수 있는 사각형의 총 개수는 2 + 2 + 1 + 1 = 6개입니다. (정답)

[정답] 풀이 과정 참조

[풀이 과정]

① 직각이등변삼각형과 직사각형의 넓이의 합을 구하면 (2 × 2 ÷ 2) + (2 × 1) = 2 + 2 = 4cm²입니다. 따라서 한 변의 길이가 2cm 인 정사각형을 만들어야 합니다.

② 두 개의 도형을 각각 자른 다음 붙이는 방법은 아래와 같습니다.

③ 두 개의 도형 중에 직각이등변삼각형만 자른 다음 붙이는 방법은 아래와 같습니다.

④ 두 개의 도형 중에 직사각형만 자른 다음 붙이는 방법은 아래와 같습니다.

⑤ 한변의 길이가 2cm인 정사각형을 붙이는 방법은 위 방법 이외에도 여러 가지가 있습니다. 따라서 위 방법 중 한 가지 방법으로 정사각형을 만들면 정답입니다.

[정답] 풀이 과정 참조

[풀이 과정]

① 칠해진 도형의 넓이를 구하면

(10 × 10) − (6 × 6) = 100 − 36 = 64cm² 입니다.

따라서 한 변의 길이가 8cm 인 정사각형을 만들어야 합니다.

② 아래와 같이 2 × 8 직사각형을 4조각으로 자른 다음 4조각들 모두 붙여서 한 변의 길이가 8cm 인 정사각형을 만들 수 있습니다.

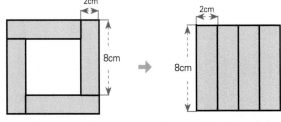

(정답)

③ 이외에도 아래와 같이 칠해진 도형에서 8 × 8 정사각형 크기만큼 한 꼭짓점에서 ㄱ 자 모양으로 자르고 6 × 6 정사각형 크기만큼 한 꼭짓점에서 ㄱ 자 모양으로 자른 후 나머지 조각들을 모두 오려 붙여서 한 변의 길이가 8cm 인 정사각형을 만들 수 있습니다.

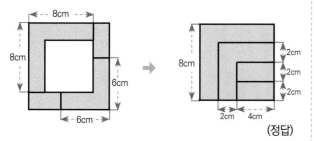

④ 따라서 위 방법 중 한 가지 방법으로 정사각형을 만들면 정답입니다.

연습문제 06 .... P. 35

[정답] 풀이 과정 참조

[풀이 과정]

① 한 변의 길이가 1cm 인 정사각형의 개수는 총 24개입니다. 2 × 12 = 3 × 8 = 4 × 6 = 24입니다.

따라서 2등분을 하려면 가로가 12, 세로가 2 또는 가로가 8, 세로가 3 또는 가로가 6, 세로가 4인 직사각형을 만들어야 합니다.

② 주어진 도형의 세로가 최대 5칸이기 때문에 가로가 12, 세로가 2인 직사각형을 만들 수 없습니다.

따라서 가로가 8, 세로가 3 또는 가로가 6, 세로가 4인 직사각형을 만들 수 있습니다.

③ 따라서 아래와 같이 나눈 선과 붙인 선을 그을 수 있습니다.

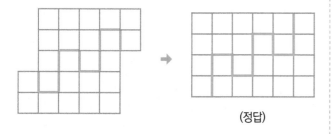

연습문제 07 .... P. 36

[정답] 풀이 과정 참조

[풀이 과정]

① 주어진 도형을 한 변의 길이가 1cm 인 정사각형으로 나눠 넓이를 구하면 36cm²입니다.

따라서 한 변의 길이가 6cm인 한 개의 정사각형을 만들어야합니다.

② 주어진 도형을 2조각으로 나눠야 하므로 가로의 길이인 11cm 를 5cm 와 6cm 또는 5.5cm 와 5.5cm 로 생각합니다.

③ 따라서 아래의 2가지 방법으로 한 변의 길이가 6cm 인 정사각형을 만들 수 있습니다.

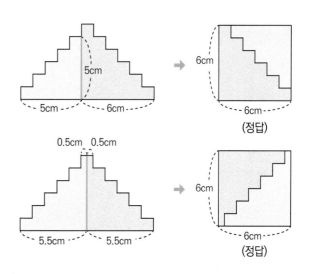

연습문제 08 .... P. 36

[정답] 10개

[풀이 과정]

① 아래의 도형과 같이 3 × 3 도형 1개를 사용하여 만들 수 있는 5 × 3 직사각형의 개수는 총 3개입니다.

② 아래의 도형과 같이 2 × 2 도형 2개를 사용하여 만들 수 있는 5 × 3 직사각형의 개수는 총 4개입니다.

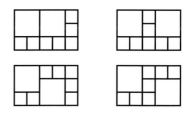

③ 아래의 도형과 같이 2 × 2 도형 1개를 사용하여 만들 수 있는 5 × 3 직사각형의 개수는 총 2개입니다.

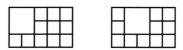

④ 아래의 도형과 같이 1 × 1 도형 15개를 사용하여 만들 수 있는 5 × 3 직사각형의 개수는 총 1개입니다.

⑤ 모든 경우에 돌리거나 뒤집어서 같으면 한 가지입니다. 따라서 만들 수 있는 사각형의 총 개수는 3 + 4 + 2 + 1 = 10개입니다. (정답)

[정답] 풀이 과정 참조

[풀이 과정]

① 주어진 도형에서 아래와 같이 작은 정사각형에서 모두 대각선 1개를 그어 직각이등변삼각형을 만듭니다. 빨간색 선과 같이 직각이등변삼각형 4개가 변과 변이 붙여진 정사각형를 생각합니다.

② 4개의 노란색 직각이등변삼각형의 파란색 선을 오려 각각 하늘색 직각이등변삼각형에 붙입니다.

따라서 직각이등변삼각형 4개가 변과 변이 붙여진 작은 정사각형 4개로 구성된 큰 정사각형 한 개를 만들 수 있습니다.

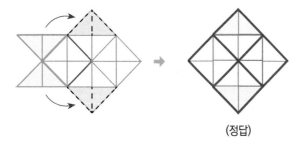

(정답)

③ 이 외에도 다른 방법으로 나눈 선과 붙인 선을 그을 수 있습니다.

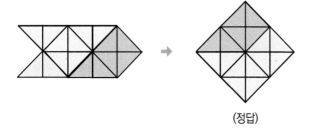

(정답)

[정답] 풀이 과정 참조

[풀이 과정]

① 주어진 도형의 직각이등변삼각형의 개수는 모두 32개입니다. 이 도형을 2등분 하기 위해서
한 조각은 32 ÷ 2 = 16칸으로 구성되어야 합니다.

② 따라서 주어진 도형을 가로와 세로가 직각이등변삼각형이 2개씩 이루어진 정사각형이 4칸이고 한 조각에 16칸이 포함되도록 2등분 합니다.

③ 따라서 아래와 같이 정사각형을 만들 수 있고 나는 선을 그을 수 있습니다.

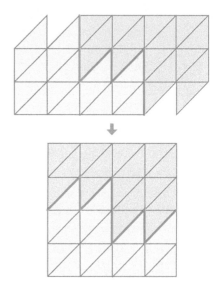

[정답] 풀이 과정 참조

[풀이 과정]

① 정사각형의 한 변의 길이가 2이면 넓이가 4가 되고 직각이등변삼각형의 넓이는 2가 됩니다. 이 도형의 총 넓이는 10이므로 만들려는 한 개의 정사각형의 넓이는 10이 되어야 합니다.

② 직각 삼각형에서 빗변을 제외한 나머지 두 변을 각각 1 : 3으로 나누는 삼각형을 만들어야 합니다.
따라서 아래와 같이 파란색 대각선을 그을 수 있습니다.

③ 따라서 파란색 대각선을 한 변으로 하는 정사각형을 만들 수 있습니다.

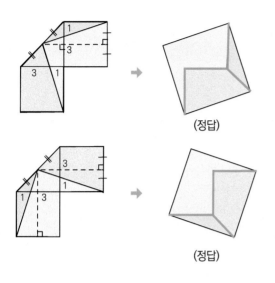

(정답)

(정답)

심화문제 **02** .... P. 39

[정답] 풀이 과정 참조

[풀이 과정]

① 사용하지 않는 도형은 총 조각들의 칸 수의 합을 구합니다.

　3 + 4 + 5 + 6 + 7 + 8 + 9 = 42입니다.

　정사각형을 만들기 위해서 6 × 6 = 36칸만 필요합니다.

　따라서 42 − 6 = 36이므로 6칸 짜리 D 조각은 사용하지 않습니다.

② 따라서 D 조각을 사용하지 않고 큰 조각 G 부터 6 × 6 정사각형의 모서리에 놓습니다.

③ 아래와 같이 조각들 배치할 수 있습니다.

　이외에도 6 × 6 정사각형을 회전하거나 뒤집어서 배치가 다르게 만들 수 있습니다.

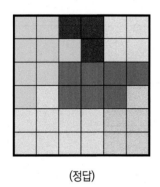

(정답)

심화문제 **03** .... P. 40

[정답] 30가지

[풀이 과정]

① 3 × 3 정사각형 1개와 1 × 1 정사각형 7개로 4 × 4 정사각형 1개를 만드는 방법은 아래와 같이 초록색 3 × 3 정사각형을 4 × 4 정사각형의 네 모서리에 놓으면 총 4가지 입니다.

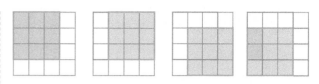

② 2 × 2 정사각형 2개와 1 × 1 정사각형 8개로 4 × 4 정사각형 1개를 만드는 방법은 아래와 같이 파란색 2 × 2 정사각형을 4 × 4 정사각형의 네 모서리 또는 한 변의 중심에 놓고 나머지 2 × 2 정사각형 1개를 빨간색 동그라미에 놓는 방법으로 총 16가지 입니다.

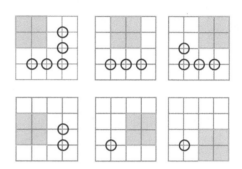

③ 2 × 2 정사각형 1개와 1 × 1 정사각형 12개로 4 × 4 정사각형 1개를 만드는 방법은 아래와 같이 노란색 2 × 2 정사각형을 4 × 4 정사각형의 네 모서리 또는 한 변의 중심 또는 중심에 2 × 2 정사각형 1개를 놓으면 총 9가지 입니다.

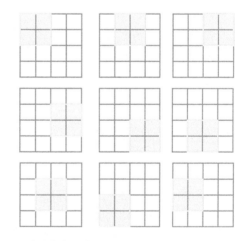

④ 1 × 1 정사각형 16개로 4 × 4 정사각형 1개를 만드는 방법은 총 1가지 입니다. 4 × 4 정사각형을 1 × 1 정사각형으로 모두 채우면 됩니다.

⑤ 모든 가짓수를 합하면 4 + 16 + 9 + 1 = 30입니다.

　따라서 한 변의 길이가 4cm 인 정사각형을 만드는 서로 다른 방법의 가짓수는 30가지입니다. (정답)

심화문제 **04** ·············· P. 41

[정답] 풀이 과정 참조

[풀이 과정]

① 알파벳 E 도형을 3 × 3 정사각형 조각으로 선을 긋습니다. 이 도형의 총 넓이는 90 cm² 이므로 만들려는 한 개의 정사각형의 넓이는 90 cm² 이 되어야 합니다.

② 직각 삼각형에서 빗변을 제외한 나머지 두 변이 각각 3, 9 인 직각 삼각형을 찾아서 그 빗변을 한 변으로 하는 정사각형을 만들 수 있습니다. 따라서 아래와 같이 빨간색 대각선을 긋습니다.

③ 이 도형을 4조각으로 잘라야 하므로 선을 그어 한 변으로 하는 정사각형을 만들 수 있습니다.

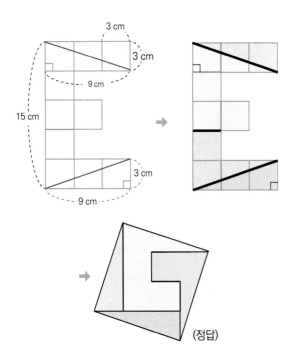

(정답)

④ 이 외에도 선을 한 칸 위에 다르게 그으면 아래와 같이 찾을 수 있습니다.

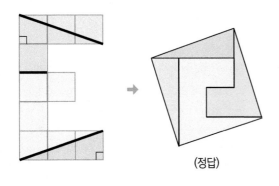

(정답)

창의적문제해결수학 **01** ·············· P. 42

[정답] 풀이 과정 참조

[풀이 과정]

① 한 변의 길이가 25 cm 인 정사각형을 채우기 위해 한 변의 길이가 가장 큰 16 cm 정사각형을 먼저 채웁니다.

② 한 변의 길이가 15 cm 인 정사각형에서 9 × 15 직사각형을 자릅니다.

③ 한 변의 길이가 15 cm 인 정사각형에 나머지 부분 6 × 15 직사각형을 9 × 10 직사각형으로 만듭니다.

④ 한 변의 길이가 12cm 인 정사각형을 16 × 9 직사각형으로 만듭니다.

⑤ 따라서 아래와 같이 6 조각으로 잘라서 만든 한 변의 길이가 25 cm 인 정사각형을 만들 수 있습니다.

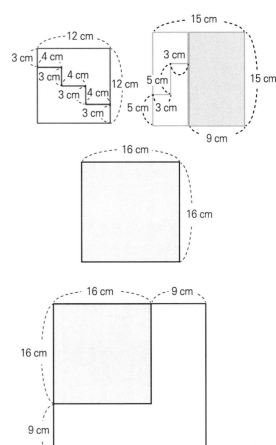

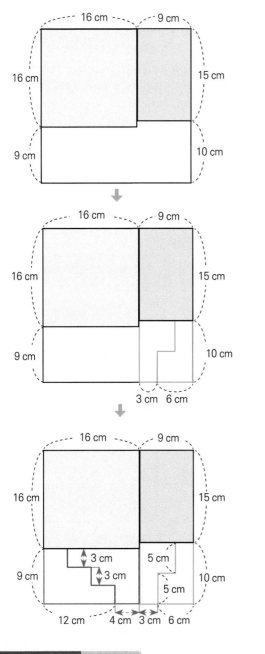

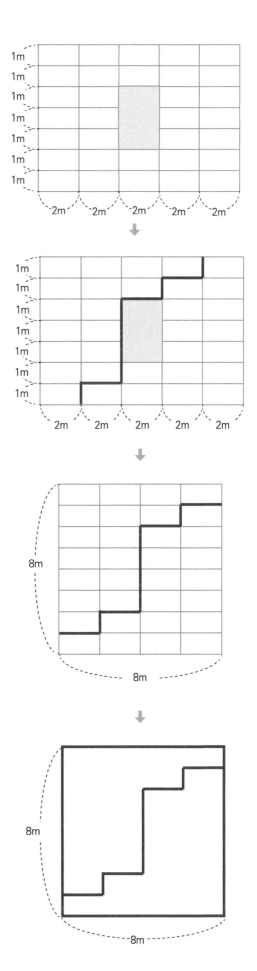

창의적문제해결수학 **02** ·········· P. 43

[정답] 풀이 과정 참조

[풀이 과정]

① 꽃밭의 넓이는

$(7 \times 10) - (3 \times 2) = 70 - 6 = 64 \text{ m}^2$ 이므로 만들어진 정사각형의 꽃 밭의 한 변의 길이는 8 m 입니다.

② 아래와 같이 7 m 의 세로의 길이를 1 m 씩과 10 m 의 가로의 길이를 2 m 씩 나눠 긋습니다.

③ 주어진 도형의 2 × 1 인 직각 사각형의 개수는 모두 30개입니다. 이 도형을 2 등분 하기위해 한 조각은

$30 \div 2 = 15$ 칸이 구성되어야 합니다.

④ 따라서 아래와 같이 정사각형을 만들 수 있고 나눈 선을 그을 수 있습니다.

3. 도형의 개수

대표문제1 확인하기 1 ·············· P. 49

[정답] 23개

[풀이 과정]

① 이웃하는 두 점을 이은 선분은 ●—● 입니다. 따라서 이 모양의 선분의 개수를 세면 총 10개입니다.

② 가운데 한 점을 포함하는 선분은 ●—●—● 입니다. 따라서 이 모양의 선분의 개수를 세면 총 7개입니다.

③ 가운데 두 점을 포함하는 선분은 ●—●—●—● 입니다. 따라서 이 모양의 선분의 개수를 세면 총 4개입니다.

④ 가운데 세 점을 포함하는 선분은 ●—●—●—●—● 입니다.
따라서 이 모양의 선분의 개수를 세면 총 2개입니다.

⑤ 주어진 도형에서 찾을 수 있는 서로 다른 선분의 개수는 ① 부터 ④ 까지 구한 선분의 개수를 모두 합하면 됩니다. 따라서 10 + 7 + 4 + 2 = 23개입니다. (정답)

대표문제1 확인하기 2 ·············· P. 49

[정답] 21개

[풀이 과정]

① 아래와 같이 서로 다른 5개의 각에 알파벳 A 부터 E 까지 붙입니다.

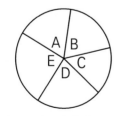

② 한 개의 작은 각으로 이루어진 각들은 모두 각 A, 각 B, 각 C, 각 D, 각 E 입니다. 총 5개입니다.

③ 두 개의 작은 각으로 이루어진 각들은 (각 A 와 각 B), (각 B 와 각 C), (각 C 와 각 D), (각 D 와 각 E), (각 E 와 각 A) 입니다. 총 5개입니다.

④ 세 개의 작은 각으로 이루어진 각들은 (각 A 와 각 B 와 각 C), (각 B 와 각 C 와 각 D), (각 C 와 각 D 각 E), (각 D 와 각 E 와 각 A), (각 E 와 각 A 와 각 B) 입니다. 총 5개입니다.

⑤ 네 개의 작은 각으로 이루어진 각들은 (각 A 와 각 B 와 각 C 와 각 D), (각 B 와 각 C 와 각 D 와 각 E), (각 C 와 각 D 와 각 E 와 각 A), (각 D 와 각 E 와 각 A 와 각 B), (각 E 와 각 A 와 각 B 와 각 C) 입니다. 총 5개입니다.

⑥ 마지막으로 다섯 개의 작은 각으로 이루어진 각들은 (각 A 와 각 B 와 각 C 와 각 D 와 각 E) 입니다. 총 1개입니다.

⑦ 따라서 총 찾을 수 있는 각의 개수는 5 + 5 + 5 + 5 + 1 = 5 × 4 + 1 = 21개입니다. (정답)

대표문제2 확인하기 1 ·············· P. 51

[정답] 16개

[풀이 과정]

① 작은 직각이등변삼각형을 붙여서 정사각형을 만들기 위해 각각 2개, 4개, 8개가 필요합니다.

② 작은 직각이등변삼각형 2개를 이용해 만든 정사각형 정사각형의 개수는 모두 10개입니다. 예를 들어 아래의 그림과 같이 2개의 직각이등변삼각형으로 만든 정사각형 10개 중 한 개의 빨간색 정사각형을 찾을 수 있습니다.

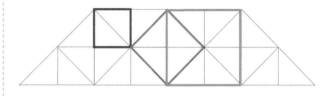

③ 작은 직각이등변삼각형 4개를 이용해 만든 정사각형이 개수는 모두 3개입니다. 예를 들어 위의 그림과 같이 4개의 직각이등변삼각형으로 만든 정사각형 3개 중 한 개의 파란색 정사각형을 찾을 수 있습니다.

④ 작은 직각이등변삼각형 8개를 이용해 만든 정사각형의 개수는 모두 3개입니다. 예를 들어 위의 그림과 같이 8개의 직각이등변삼각형으로 만든 정사각형 3개 중 한 개의 초록색 정사각형을 찾을 수 있습니다.

⑤ 따라서 주어진 도형에서 찾을 수 있는 크고 작은 정사각형의 개수는 10 + 3 + 3 = 16개입니다. (정답)

대표문제2 확인하기 2 ·············· P. 51

[정답] 27개

[풀이 과정]

① 작은 삼각형 1개로 이루어진 삼각형의 개수는 모두 9개입니다. 예를 들어 (그림 1)과 같이 1개의 작은 삼각형으로 만든 삼각형 9개 중 한 개의 빨간색 삼각형을 찾을 수 있습니다.

(그림 1)

(그림 2)

② 작은 삼각형 2개로 이루어진 삼각형의 개수는 모두 8개입니다. 예를 들어 위의 (그림 1)과 같이 2개의 작은 삼각형으로 만든 삼각형 8개 중 한 개의 파란색 삼각형을 찾을 수 있습니다.

③ 작은 삼각형 3개로 이루어진 삼각형의 개수는 모두 3개입니다. 예를 들어 위의 (그림 1)과 같이 3개의 작은 삼각형으로 만든 삼각형 3개 중 한 개의 초록색 삼각형을 찾을 수 있습니다.

④ 작은 삼각형 2개와 작은 오각형 1개로 이루어진 삼각형의 개수는 모두 3개입니다. 예를 들어 (그림 2)와 같이 2개의 작은 삼각형 과 1개의 작은 오각형으로 만든 삼각형 3개 중 한 개의 보라색 삼각형을 찾을 수 있습니다.

⑤ 작은 삼각형 5개로 이루어진 삼각형의 개수는 모두 4개입니다. 예를 들어 위의 (그림 2)와 같이 5개의 작은 삼각형으로 만든 삼각형 4개 중 한 개의 노란색 삼각형을 찾을 수 있습니다.

⑥ 따라서 주어진 도형에서 찾을 수 있는 크고 작은 삼각형의 개수는 9 + 8 + 3 + 3 + 4 = 27개입니다. (정답)

연습문제   **01**   ·········· P. 52

[정답] 31개

[풀이 과정]

① 이웃하는 두 점을 이은 선분은 ●——● 입니다. 따라서 이 모양의 선분의 개수를 세면 총 18개입니다.

② 가운데 한 점을 포함하는 선분은 ●——●——● 입니다. 따라서 이 모양의 선분의 개수를 세면 총 10개입니다.

③ 가운데 두 점을 포함하는 선분은 ●—●—●—● 입니다. 따라서 이 모양의 선분의 개수를 세면 총 2개입니다.

④ 가운데 세 점을 포함하는 선분은 ●—●—●—●—● 입니다. 따라서 이 모양의 선분의 개수를 세면 총 1개입니다.

⑤ 주어진 도형에서 찾을 수 있는 서로 다른 선분의 개수는 ① 부터 ④ 까지 구한 선분의 개수를 모두 합하면 됩니다. 따라서 18 + 10 + 2 + 1 = 31개입니다. (정답)

연습문제   **02**   ·················· P. 52

[정답] 28개

[풀이 과정]

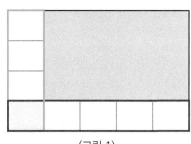
(그림 1)

① (그림 1)에서 파란색 사각형에서 찾을 수 있는 크고 작은 사각형의 개수를 구하면 ☐ 4개와 ☐☐ 3개와 ☐☐☐ 2개와 ☐☐☐☐ 1개를 찾을 수 있습니다. 따라서 총 찾을 수 있는 사각형의 개수는 4 + 3 + 2 + 1 = 10개입니다.

② (그림 1)에서 ①과 같은 방법으로 빨간색 사각형에서 찾을 수 있는 사각형의 개수는 5 + 4 + 3 + 2 + 1 = 15개입니다.

③ 파란색 사각형과 빨간색 사각형이 만나는 노란색 사각형은 중복으로 한 개를 빼야 합니다. 따라서 파란색 사각형과 빨간색 사각형에서 찾을 수 있는 사각형의 개수는 모두 10 + 15 - 1 = 24개입니다.

④ (그림 1)에서 초록색 사각형이 포함되어있는 크고 작은 사각형의 개수를 구하면 총 4개입니다.

⑤ 주어진 도형에서 찾을 수 있는 크고 작은 사각형은 ③과 ④에서 구한 사각형의 개수를 모두 합하면 됩니다. 따라서 24 + 4 = 28개입니다. (정답)

[정답] 선분의 개수 = 90개, 삼각형의 개수 = 40개

[풀이 과정]

① (그림 1)에서 파란색 선분은 ●—●—●—●—● 입니다. 이 모양에서 찾을 수 있는 선분의 개수는

4 + 3 + 2 + 1 = 10개입니다. (그림 1)에서 파란색 선분과 같은 모양의 선분은 4개 더 있습니다. 따라서 파란색 선분에서 찾을 수 있는 선분의 개수가 5번 나오므로

10 × 5 = 50개입니다.

② (그림 1)에서 초록색 선분은 ●—●—●—● 입니다. 이 모양에서 찾을 수 있는 선분의 개수는

4 + 3 + 2 + 1 = 10개입니다. (그림 1)에서 초록색 선분과 같은 모양의 선분은 3개 더 있습니다. 따라서 초록색 선분에서 찾을 수 있는 선분의 개수가 4번 나오므로

10 × 4 = 40개입니다.

③ (그림 2)에서 빨간색 삼각형은 🔺 입니다. 이 모양에서 찾을 수 있는 크고 작은 삼각형의 개수는

4 + 3 + 2 + 1 = 10개입니다. (그림 2)에서 꼭짓점은 같고 빨간색 삼각형의 크기만 다른 삼각형은 3개 더 있습니다. 따라서 빨간색 삼각형에서 찾을 수 있는 크고 작은 삼각형의 개수가 4번 나오므로 10 × 4 = 40개입니다.

④ 따라서 위의 ①과 ②에서 구한 선분의 개수를 모두 합하면 50 + 40 = 90개 이고 찾을 수 있는 크고 작은 삼각형의 개수는 40개입니다. (정답)

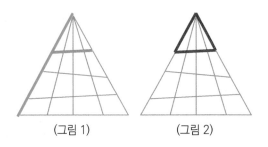

(그림 1)   (그림 2)

[정답] 35개

[풀이 과정]

① 주어진 도형에서 정사각형의 개수를 찾기 위해서 각 변의 길이는 모두 같아야 합니다. 따라서 작은 정사각형 1, 4, 9, 16개씩 이루어진 도형을 각각 찾아야 합니다. 또한, 작은 정사각형에 대각선이 그어져있는 작은 직각이등변삼각형이 있습니다. 직각이등변삼각형 4개와 16개로 구성된 정사각형을 찾아야 합니다.

② 작은 정사각형 1개일 때, 한 변의 길이가 1칸인 정사각형의 개수는 모두 16개입니다.

③ 작은 정사각형 4개일 때, 한 변의 길이가 2칸인 정사각형의 개수는 모두 9개입니다.

④ 작은 정사각형 9개일 때, 한 변의 길이가 3칸인 정사각형의 개수는 모두 4개입니다.

⑤ 작은 정사각형 16개일 때, 한 변의 길이가 4칸인 정사각형의 개수는 1개입니다.

⑥ 직각이등변삼각형 4개일 때, 찾을 수 있는 정사각형의 개수는 모두 4개입니다.

⑦ 직각이등변삼각형 16개일 때, 찾을 수 있는 정사각형의 개수는 1개입니다.

⑧ 따라서 모든 정삼각형의 개수를 합하면

16 + 9 + 4 + 1 + 4 + 1 = 35개입니다. (정답)

[정답] 70개

[풀이 과정]

① 아래의 그림에서 세로의 파란색 선분은

●—●—●—●—● 입니다. 이 모양에서 찾을 수 있는 선분의 개수는 4 + 3 + 2 + 1 = 10개입니다. 그림에서 세로의 파란색 선분과 같은 선분은 3개 더 있습니다.

따라서 파란색 선분에서 찾을 수 있는 선분의 개수가 4번 나오므로 10 × 4 = 40개입니다.

② 아래의 그림에서 가로의 초록색 선분은

●—●—●—● 입니다. 이 모양에서 찾을 수 있는 선분의 개수는 3 + 2 + 1 = 6개입니다. 그림에서 가로의 초록색 선분과 같은 선분은 4개 더 있습니다.

따라서 초록색 선분에서 찾을 수 있는 선분의 개수가 5번 나오므로 6 × 5 = 30개입니다.

③ 따라서 ①과 ②에서 찾을 수 있는 선분의 개수를 모두 합하면 40 + 30 = 70개입니다. (정답)

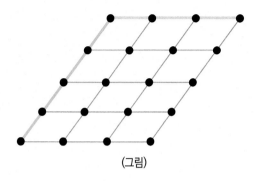

(그림)

연습문제   06   ·················· P. 53

[정답] 풀이 과정 참조

[풀이 과정]

① 먼저 주어진 도형 △△△△에서 찾을 수 있는 정삼각형
   의 개수를 구합니다.

   i. 작은 정삼각형 1개일 때, 찾을 수 있는 정삼각형은 모
   두 9개입니다.

   ii. 작은 정삼각형 4개일 때, 찾을 수 있는 정삼각형은 모
   두 3개입니다.

   iii. 작은 정삼각형 9개일 때, 찾을 수 있는 정삼각형은 1
   개입니다.

   따라서 총 9 + 3 + 1 = 13개입니다.

② 따라서 20 − 13 = 7개의 정삼각형을 더 찾아야 합니다.
   아래와 같이 파란색의 큰 정삼각형을 그려 넣으면 20개
   의 크고 작은 정삼각형을 찾을 수 있습니다.

   i. 작은 정삼각형 1개일 때, 찾을 수 있는 정삼각형은 모
   두 12개입니다.

   ii. 작은 정삼각형 4개일 때, 찾을 수 있는 정삼각형은 모
   두 6개입니다.

   iii. 작은 정삼각형 9개일 때, 찾을 수 있는 정삼각형은 2
   개입니다.

   따라서 총 12 + 6 + 2 = 20개입니다.

(정답)

연습문제   07   ·················· P. 54

[정답] 예각의 개수 = 34개, 둔각의 개수 = 14개

[풀이 과정]

① 직각은 예각에 포함되지 않고 평각은 둔각에 포함되지 않
   습니다. 따라서 예각은 1개 이상 4개 이하의 작은 각으로
   이루어지고 둔각은 6개 이상 9개 이하의 작은 각으로 이
   루어진 각의 개수를 구해야합니다.

② 주어진 도형에서 찾을 수 있는 예각의 개수를 구합니다.

   i. 작은 각이 1개일 때, 찾을 수 있는 각은 모두 10개입니다.

   ii. 작은 각이 2개일 때, 찾을 수 있는 각은 모두 9개입니다.

   iii. 작은 각이 3개일 때, 찾을 수 있는 각은 모두 8개입니다.

   iv. 작은 각이 4개일 때, 찾을 수 있는 각은 모두 7개입니다.

   따라서 예각의 개수는 총 10 + 9 + 8 + 7 = 34개입니다.
   (정답)

주어진 도형에서 찾을 수 있는 둔각의 개수를 구합니다.

   i. 작은 각이 6개일 때, 찾을 수 있는 각은 모두 5개입니다.

   ii. 작은 각이 7개일 때, 찾을 수 있는 각은 모두 4개입니다.

   iii. 작은 각이 8개일 때, 찾을 수 있는 각은 모두 3개입니다.

   iv. 작은 각이 9개일 때, 찾을 수 있는 각은 모두 2개입니다.

   따라서 둔각의 개수는 총 5 + 4 + 3 + 2 = 14개입니다.
   (정답)

[정답] 삼각형의 개수 = 16개, 사각형의 개수 = 42개

[풀이 과정]

① 2 × 3 사각형의 절반인 1 × 3 사각형에서 찾을 수 있는 삼각형의 개수를 구합니다.

ⅰ. 작은 삼각형 1개일 때, 찾을 수 있는 삼각형의 개수는 모두 4개입니다. 예를 들어 아래와 같이 삼각형 4개 중 한 개의 노란색 삼각형을 찾을 수 있습니다.

ⅱ. 작은 삼각형 1개와 사각형 1개가 포함될 때, 찾을 수 있는 삼각형의 개수는 모두 2개입니다. 예를 들어 아래와 같이 삼각형 2개 중 한 개의 초록색 삼각형을 찾을 수 있습니다.

ⅲ. 작은 삼각형 2개와 사각형 1개가 포함될 때, 찾을 수 있는 삼각형의 개수는 1개입니다. 예를 들어 아래와 같이 파란색 삼각형 1개를 찾을 수 있습니다.

따라서 1 × 3 사각형에서 찾을 수있는 삼각형의 개수는 모두 4 + 2 + 1 = 7개입니다.

② 이 외에도 2 × 3 사각형에서 아래와 같은 모양의 분홍색 삼각형 2개를 찾을 수 있습니다.

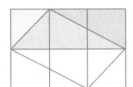 

③ 따라서 이 도형에서 찾을 수 있는 삼각형의 개수는 모두 7 × 2 + 2 = 16개입니다. (정답)

④ 대각선이 그어 있지 않는 2 × 3 사각형에서 찾을 수 있는 사각형의 개수는 (3 + 2 + 1) × (2 + 1) = 18개입니다.

⑤ 2 × 3 사각형에서 절반인 1 × 3 사각형에 그어진 대각선에 A 부터 D 까지 기호를 적습니다.

ⅰ. 선분 AB 를 한변으로 하는 사각형은 사다리꼴 모양입니다. 이 모양의 사각형을 찾으면 모두 3개입니다. 예를 들어 아래와 같이 사각형 3개 중 한 개의 분홍색 사각형을 찾을 수 있습니다.

ⅱ.선분 BC 와 선분 CD 를 한변으로 하는 사각형은 모두 사다리꼴 모양입니다. 이 모양의 사각형을 찾으면 각각 2개씩 입니다. 예를 들어 아래와 같이 각각의 사각형 2개 중 한 개의 초록색 사각형과 파란색 사각형을 찾을 수 있습니다.

ⅲ. 선분 BD 를 한변으로 하는 사각형은 사다리꼴 모양입니다. 이 모양의 사각형을 찾으면 모두 2개입니다. 예를 들어 아래와 같이 사각형 2개 중 한 개의 노란색 사각형을 찾을 수 있습니다.

따라서 1 × 3 사각형에서 대각선이 그어진 사다리꼴의 개수는 모두 3 + 2 + 2 + 2 = 9개입니다.

ⅳ. 2 × 3 사각형은 두 개의 대각선이 그어진 1 × 3 사각형으로 되어 있으므로 2 × 3 사각형에서 대각선이 그어진 사다리꼴의 개수는 모두 9 × 2 = 18개 입니다.

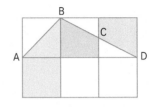 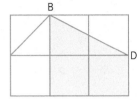

⑥ 이 외에도 2 × 3 사각형에서 아래와 같은 모양의 파란색 사다리꼴을 찾을 수 있습니다. 따라서 2 × 3 사각형에서 사다리꼴의 개수는 9 × 2 + 2 + 2 + 1 + 1 = 24개입니다.

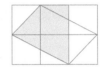

⑦ 따라서 이 도형에서 찾을 수 있는 사각형의 개수는 모두 18 + 24 = 42개입니다. (정답)

[정답] 405개

[풀이 과정]

① 아래의 그림과 같이 3 × 9 빨간색 직사각형과 5 × 5 파란색 정사각형으로 나누어 각각 찾을 수 있는 사각형의 개수를 구합니다.

② 3 × 9 빨간색 직사각형에서 찾을 수 있는 사각형의 개수는 (3 + 2 + 1) × (9 + 8 + 7 + 6 + 5 + 4 + 3 + 2 + 1) = 6 × 45 = 270개입니다.

③ 5 × 5 파란색 직사각형에서 찾을 수 있는 사각형의 개수는 (5 + 4 + 3 + 2 + 1) × (5 + 4 + 3 + 2 + 1) = 15 × 15 = 225개입니다.

④ 가운데 3 × 5 노란색 직사각형은 중복이므로 개수를 빼야 합니다. 3 × 5 노란색 직사각형에서 찾을 수 잇는 사각형의 개수는 (3 + 2 + 1) × (5 + 4 + 3 + 2 + 1) = 6 × 15 = 90개입니다.

⑤ 따라서 총 사각형의 개수는 270 + 225 - 90 = 405개입니다. (정답)

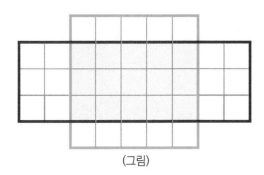

(그림)

[정답] 16개

[풀이 과정]

① 주어진 도형에서 찾을 수 있는 삼각형의 모양은 모두 직각이등변삼각형입니다. 따라서 파란색 직각이등변삼각형을 포함하는 삼각형은 작은 직각이등변삼각형이 1, 2, 4, 8, 9, 16개씩 이루어진 직각이등변삼각형입니다.

② 작은 직각 삼각형이 1개일 때, 찾을 수 있는 삼각형은 1개입니다.

③ 작은 직각 삼각형이 2개일 때, 찾을 수 있는 삼각형은 2개입니다.

④ 작은 직각 삼각형이 4개일 때, 찾을 수 있는 삼각형은 4개입니다.

⑤ 작은 직각 삼각형이 8개일 때, 찾을 수 있는 삼각형은 3개입니다.

⑥ 작은 직각 삼각형이 9개일 때, 찾을 수 있는 삼각형은 4개입니다.

⑦ 작은 직각 삼각형이 16개일 때, 찾을 수 있는 삼각형은 2개입니다.

⑧ 아래의 그림은 ②에서 ⑦까지 각각 찾을 삼각형 중 한 개의 모양입니다.

⑨ 따라서 찾을 수 있는 삼각형의 개수는 모두
1 + 2 + 4 + 3 + 4 + 2 = 16개입니다. (정답)

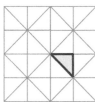
▲ 1개의 작은 삼각형

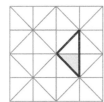
▲ 2개의 작은 삼각형

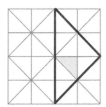
▲ 8개의 작은 삼각형

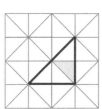
▲ 4개의 작은 삼각형

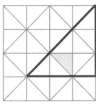
▲ 9개의 작은 삼각형

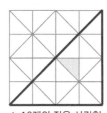
▲ 16개의 작은 삼각형

[정답] 102개

[풀이 과정]

① 크기가 같은 정삼각형 16개 도형을 120° 씩 회전하여 사각형의 개수를 찾아야 합니다.
따라서 아래의 그림에서 한 변에 A에서 바라본 방향을 중심으로 사각형을 찾은 후 3을 곱합니다.

② 정삼각형으로 만들 수 있는 사각형의 모양은 ▱ 와 ▱ 로 두 가지 모양뿐입니다.

③ 2개의 정삼각형으로 구성된 △▽ 와 ▽ 와 ▽△ 중 한 가지 모양일 때 사각형의 개수는 각각 6개인데, 같은 도형을 A, B, C에서 바라본 도형의 모습이므로 A에서 바라본 모습은 6개로 합니다. (B방향에서도 6개, C방향에서도 6개)

④ 3개의 정삼각형으로 구성된 △△ 의 사각형은 모두 6개이고 ▽△ 의 사각형은 모두 3개입니다. (6, 3)

⑤ 4개의 정삼각형으로 구성된 ▽▽ 의 사각형과 △△ 의 사각형은 각각 3개입니다. (3, 3)

⑥ 5개의 정삼각형으로 구성된 △△△ 의 사각형은 모두 3개이고 ▽▽ 의 사각형은 모두 1개입니다. (3, 1)

⑦ 6개의 정삼각형으로 구성된 ▽▽ 의 사각형과 △△△ 의 사각형은 각각 1개입니다. (1, 1)

⑧ 7개의 정삼각형으로 구성된 △△△△ 의 사각형은 1개입니다. (1)

⑨ 8개의 정삼각형으로 구성된 와 와 중 한 가지 모양일 때 사각형의 개수를 구해야합니다. 따라서 이 모양들의 사각형의 개수는 모두 1개(B에서도 1개, C에서도 1개로 합니다.)이고 의 사각형은 모두 3개입니다. (1, 3)

⑩ 12개의 정삼각형으로 구성된 의 사각형은 1개입니다. (1)

⑪ 15개의 정삼각형으로 구성된 의 사각형은 1개입니다. (1)

⑫ 따라서 A에서 바라본 방향을 중심으로 찾은 사각형의 개수는 모두 6 + 6 + 3 + 3 + 3 + 3 + 1 + 1 + 1 + 1 + 1 + 3 + 1 + 1 = 6 × 2 + 3 × 5 + 1 × 7 = 12 + 15 + 7 = 34개입니다.

⑬ 따라서 세 방향에서 바라본 사각형의 개수는 모두 34 × 3 = 102개입니다. (정답)

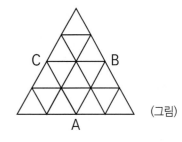

(그림)

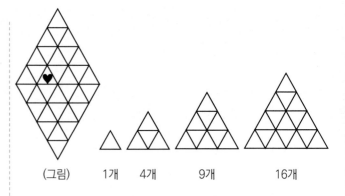

(그림)　　1개　　4개　　　9개　　　16개

[정답] 67개

[풀이 과정]

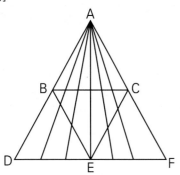

① 작은 정삼각형 ABC 와 큰 정삼각형 ADF 를 △ 과
같은 도형으로 생각합니다. 이 도형에서 찾을 수 있는 삼각
형의 개수는 6 + 5 + 4 + 3 + 2 + 1 = 21개입니다.

따라서 삼각형 ABC 와 삼각형 ADF 에서 찾을 수 있는 삼각
형의 개수는 각각 21개입니다.

② 삼각형 ABE 와 삼각형 ACE 는　　　과 같은 도형으로 생각합
니다. 이 도형에서 찾을 수 있는 삼각형의 개수는 3 + 2 + 1
= 6개입니다.

따라서 삼각형 ABE 와 삼각형 ACE 에서 찾을 수 있는 삼각형
의 개수는 각각 6개입니다.

③ 작은 정삼각형 BDE 와 작은 정삼각형 CEF 는　　　과 같
은 도형으로 생각합니다. 이 도형에서 찾을 수 있는 삼각형의
개수는 3개입니다.

따라서 작은 정삼각형 BDE 와 작은 정삼각형 CEF 에서 찾을
수 있는 삼각형의 개수는 각각 3개입니다.

④ 작은 정삼각형 BCE는　　　과 같은 도형으로 생각합니다.
이 도형에서 찾을 수 있는 삼각형의 개수는 7개입니다.

따라서 작은 정삼각형 BCE 에서 찾을 수 있는 삼각형의 개수
는 7개입니다.

⑤ 따라서 작은 정삼각형 4개로 이루어진 도형에서 삼각형의 총
개수는 21 × 2 + 6 × 2 + 3 × 2 + 7 = 67개입니다. (정답)

[정답] 50개

[풀이 과정]

① 주어진 도형에서 찾을 수 있는 정삼각형의 개수에서 ♥ 가
들어간 정삼각형의 개수를 빼면 ♥ 를 포함하지 않는 정삼
각형의 개수를 구할 수 있습니다

② 이 도형에서는 △ 의 모양과 ▽ 의 모양의 정삼각
형을 찾을 수 있습니다. 이 모양의 정삼각형의 개수를 찾
기 위해서 각 변의 길이는 모두 같아야 합니다. 따라서 작
은 정삼각형 1, 4, 9, 16개씩 이루어진 도형을 각각 찾아야
합니다.

③ 먼저 △ 의 모양의 정삼각형의 개수를 구합니다.

ⅰ.작은 정삼각형 1개일 때, 찾을 수 있는 정삼각형은 모두
16개입니다.

ⅱ.작은 정삼각형 4개일 때, 찾을 수 있는 정삼각형은 모두
9개입니다.

ⅲ.작은 정삼각형 9개일 때, 찾을 수 있는 정삼각형은 모두
4개입니다.

ⅳ.작은 정삼각형 16개일 때, 찾을 수 있는 정삼각형은 1개
입니다.

따라서 총 16 + 9 + 4 + 1 = 30개입니다.

④ ③과 같은 방식으로 ▽ 의 모양의 정삼각형의 개수를
구합니다.

ⅰ.작은 정삼각형 1개일 때, 찾을 수 있는 정삼각형은 모두
16개입니다.

ⅱ.작은 정삼각형 4개일 때, 찾을 수 있는 정삼각형은 모두
9개입니다.

ⅲ.작은 정삼각형 9개일 때, 찾을 수 있는 정삼각형은 모두
4개입니다.

ⅳ.작은 정삼각형 16개일 때, 찾을 수 있는 정삼각형은 1개
입니다.

따라서 총 16 + 9 + 4 + 1 = 30개입니다.

⑤ (그림)에서 찾을 수 있는 정삼각형의 개수는 모두 30 +
30 = 60개입니다.

⑥ (그림)에서 ♥ 가 들어간 △ , ▽ 모양 정삼각형의
개수를 구합니다.

ⅰ.작은 정삼각형 1개일 때,♥ 가 들어간 정삼각형은 1개
입니다.

ⅱ.작은 정삼각형 4개일 때, ♥ 가 들어간 정삼각형은 모두
4개입니다.

ⅲ.작은 정삼각형 9개일 때, ♥ 가 들어간 정삼각형은 모두
4개입니다.

ⅳ.작은 정삼각형 16개일 때, ♥ 가 들어간 정삼각형은 1개
입니다.

따라서 총 1 + 4 + 4 + 1 = 10개입니다.

⑦ 따라서 ⑤에서 구한 정삼각형의 개수에서 ⑥에서 구한 ♥
가 들어간 정삼각형의 개수를 빼면 ♥ 를 포함하지 않는
정삼각형의 개수를 구할 수 있습니다.

따라서 60 − 10 = 50개입니다. (정답)

심화문제 **04** ·························· P. 59

[정답] 120개

[풀이 과정]

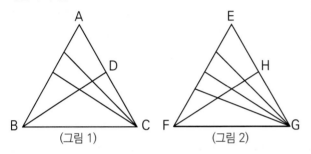

(그림 1)   (그림 2)

① 첫 번째 삼각형에서 찾을 수 있는 삼각형의 개수는 모두 3
개입니다. 두 번째 삼각형에서 찾을 수 있는 삼각형의 개
수는 모두 8개입니다. 그 다음 세 번째와 네 번째의 삼각
형에서 찾을 수 있는 삼각형의 개수를 구합니다.

② (그림 1) 삼각형 ABD 와 삼각형 BCD 와 삼각형 ABC 로
세 부분으로 나눠서 삼각형의 개수를 구합니다.

ⅰ.삼각형 ABD 이　　　　의 모양일 때, 찾을 수 있는 삼
각형은 모두 3개입니다.

ⅱ.삼각형 BCD 이　　　　　의 모양일 때, 찾을 수
있는 삼각형은 모두 3 + 2 + 1 = 6개입니다.

ⅲ.삼각형 ABC 이　　　　의 모양일 때, 찾을 수 있는
삼각형은 모두 3 + 2 + 1 = 6개입니다.

따라서 총 3 + 6 + 6 = 15개입니다.

③ (그림 2) 삼각형 EFH 와 삼각형 FGH 와 삼각형 EFG 로
세 부분으로 나눠서 삼각형의 개수를 구합니다.

ⅰ.삼각형 EFH 이　　　　의 모양일 때, 찾을 수 있는 삼
각형은 모두 4개입니다.

ⅱ.삼각형 FGH 이　　　　　의 모양일 때, 찾을 수
있는 삼각형은 모두 4 + 3 + 2 + 1 = 10개입니다.

ⅲ.삼각형 EFG 이 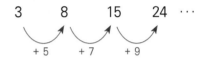 의 모양일 때, 찾을 수 있는
삼각형은 모두 4 + 3 + 2 + 1 = 10개입니다.

따라서 총 4 + 10 + 10 = 24개입니다.

④ 첫 번째 삼각형의 개수는 3개, 두 번째 삼각형의 개수는 8
개, 세 번째 삼각형의 개수는 15개, 네 번째 삼각형의 개수
는 24개 입니다

따라서 삼각형의 개수의 규칙성은 아래와 같이
(두 번째 삼각형의 개수) = (첫 번째 삼각형의 개수) + 5,
(세 번째 삼각형의 개수) = (두 번째 삼각형의 개수) + 7,
(네 번째 삼각형의 개수) = (세 번째 삼각형의 개수) + 11
입니다.

3   8   15   24 ···

+ 5   + 7   + 9

따라서 열 번째 삼각형의 개수는
(아홉 번째 삼각형의 개수) + 21 = 99 + 21 =120개입
니다. (정답)

⑤ 이 외에도 다른 규칙성이 있습니다.

3 = 1 × 3,   8 = 2 × 4,
15 = 3 × 5,   24 = 4 × 6

그러므로 열 번째 삼각형의 개수는 10 × 12 = 120개입니다.
(정답)

[정답] 84개

[풀이 과정]

① 접는 역순으로 색종이를 펼치면 가장 왼쪽의 도형이 나옵니다.

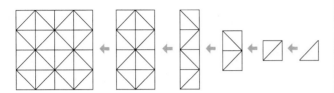

(그림)

▲ 1개의 작은 삼각형 ▲ 2개의 작은 삼각형

▲ 4개의 작은 삼각형 ▲ 8개의 작은 삼각형

▲ 9개의 작은 삼각형

② 이 도형에서 찾을 수 있는 삼각형의 모양은 모두 직각이등변삼각형입니다. 따라서 삼각형은 작은 직각이등변삼각형이 1, 2, 4, 8, 9개씩 이루어진 직각이등변삼각형의 모양입니다.

③ 작은 직각 삼각형이 1개일 때, 찾을 수 있는 삼각형은 32개입니다.

④ 작은 직각 삼각형이 2개일 때, 찾을 수 있는 삼각형은 24개입니다.

⑤ 작은 직각 삼각형이 4개일 때, 찾을 수 있는 삼각형은 4개의 ⊠ 모양에 4개씩 있으므로 16개입니다.

⑥ 작은 직각 삼각형이 8개일 때, 찾을 수 있는 삼각형은 4개입니다.

⑦ 작은 직각 삼각형이 9개일 때, 찾을 수 있는 삼각형은 4개의 ⊠ 모양에 2개씩 있으므로 8개입니다.

⑧ 따라서 찾을 수 있는 삼각형의 개수는 모두
32 + 24 + 16 + 4 + 8 = 84개입니다.

[정답] 풀이 과정 참조

[풀이 과정]

① <규칙>에 맞게 아래와 같이 나뭇가지 3개로 11를 제외하고 1개부터 12개까지의 각을 찾을 수 있습니다.

② 아래의 놓는 방법 외에도 여러 가지 놓는 방법이 있습니다.

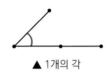

▲ 1개의 각

▲ 2개의 각

▲ 3개의 각

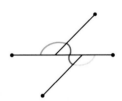

▲ 4개의 각

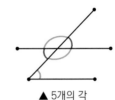

▲ 5개의 각

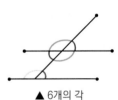

▲ 6개의 각

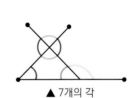

▲ 7개의 각

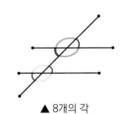

▲ 8개의 각

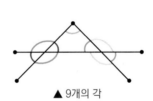

▲ 9개의 각

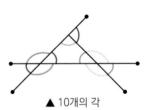

▲ 10개의 각

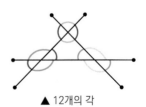

▲ 12개의 각

4. 기하판 (지오보드)

대표문제 l　확인하기　·····························　P. 67

[정답] 24개

[풀이 과정]

① 주어진 점들을 이어서 만들 수 있는 정삼각형의 모양은 아래와 같습니다.

② 파란색 정삼각형은 총 14개 있습니다.

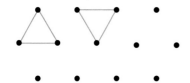

③ 빨간색 정삼각형은 총 4개 있습니다.

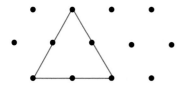

④ 초록색 정삼각형은 총 6개 있습니다.

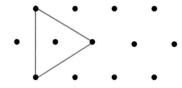

⑤ 따라서 총 정삼각형의 개수는 14 + 4 + 6 = 24개입니다. (정답)

대표문제 2　확인하기 1　·····························　P. 69

[정답] 15개

[풀이 과정]

① 원 위의 한 점과 다른 한 점을 연결하면 선분이 만들어집니다. 주어진 원 위에 6개의 점 중에서 한 점을 선택하고 그 점을 제외한 나머지 5개의 점에 선분을 총 5개 만들 수 있습니다.

② 이와 같이 원 위에 6개 점에서 모두 5개의 선분을 만들 수 있으므로 6 × 5 = 30개의 선분이 나옵니다.

하지만 중복되는 선분이 한 쌍 씩 있으므로 30 ÷ 2를 하면 원 위에 6개 점에서 그을 수 있는 선분의 개수는 총 15개입니다.

대표문제 2　확인하기 2　·····························　P. 69

[정답] 56개

[풀이 과정]

① 먼저 원 위에 8개의 점을 이어 만들 수 있는 선분의 개수를 구합니다. 선분의 개수는 8 × 7 ÷ 2 = 28개입니다.

② 두 점을 연결한 한 선분과 그 두 점을 제외한 다른 점을 연결하면 삼각형이 만들어집니다. 원 위에 8개 점 중에서 2개의 점을 제외하면 6개이므로 삼각형은 6가지가 있습니다. 선분 28개로 6가지의 삼각형을 만들 수 있습니다.

③ 따라서 28 × 6 = 168개입니다. 하지만 한 삼각형이 세 번씩 중복되기 때문에 168 ÷ 3을 하면 원 위에 8개 점에서 만들 수 있는 삼각형의 개수는 총 56개입니다. (정답)

연습문제　01　·····························　P. 70

[정답] 11가지

[풀이 과정]

① 두 선분으로 직각을 만드는 방법은 아래의 그림과 같습니다.

② 각 그림에서 찾을 수 있는 직각삼각형의 개수를 각각 구합니다. 따라서 파란색 선 ➡ 4개의 직각삼각형, 빨간색 선 ➡ 3개의 직각삼각형, 초록색 선 ➡ 2개의 직각삼각형, 노란색 선에서 ➡ 1개의 직각삼각형, 핑크색 선 ➡ 1개의 직각삼각형을 찾을 수 있습니다. (중복 제외)

③ 총 찾을 수 있는 직각삼각형은 4 + 3 + 2 + 1 + 1 = 11가지 입니다.

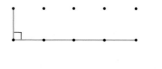
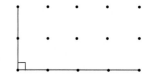
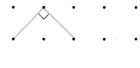
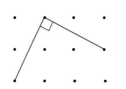
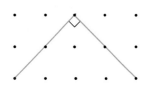

정답 및 풀이

연습문제 02 ·········· P. 70

[정답] 28가지

[풀이 과정]

① 일정한 간격으로 15개의 점으로 이루어진 도형은 정삼각형입니다. 따라서 정삼각형으로 만들 수 있는 사각형은 ▱ 과 ◹ 모양입니다. 이외에도 직사각형과 마름모 모양이 있습니다.

② 아래와 같이 빨간색 선분을 기준으로 검은색 선분을 이어서 마주보는 변이 평행한 사각형을 만들 수 있고, 마주보는 변이 평행한 파란색 사각형을 만들 수 있습니다. 각각의 개수를 세면 4 + 4 + 4 + 3 + 3 + 4 + 1 + 1 + 1 + 1 + 1 + 1 = 28가지 있습니다. (정답)

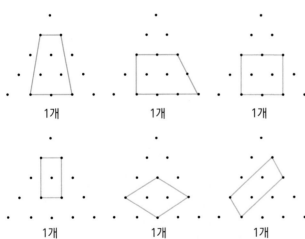

연습문제 03 ·········· P. 70

[정답] 5개

[풀이 과정]

① 먼저 세 수의 합으로 15를 만들 수 있는 경우를 모두 구합니다. (1, 5, 9), (1, 6, 8), (2, 4, 9), (2, 5, 8), (2, 6, 7), (3, 4, 8), (3, 5, 7), (4, 5, 6)의 순서쌍들은 모두 세 수의 합이 15입니다.

② 한 직선 위에 세 꼭짓점이 있다면 삼각형을 만들 수 없습니다. 따라서 주어진 도형에서 (2, 5, 8), (3, 4, 8), (4, 5, 6)은 세 꼭짓점에 쓰인 수가 한 직선 위에 있는 경우이므로 제외합니다.

③ 따라서 각 꼭짓점이 (1, 5, 9), (1, 6, 8), (2, 4, 9), (2, 6, 7), (3, 5, 7)을 순서쌍으로 가지는 삼각형으로 5개가 있습니다. (정답)

연습문제 04 ·········· P. 71

[정답] 130개

[풀이 과정]

① 11개의 점이 원 위에 있다고 가정하여, 세 점을 연결하여 만들 수 있는 삼각형의 개수를 모두 구합니다. 먼저 11개의 점이 원 위에 있을 때, 선분의 개수는 11 × 10 ÷ 2 = 55개입니다. 따라서 만들 수 있는 모든 삼각형의 개수는 55 × 9 ÷ 3 = 165개입니다.

② 하지만 주어진 도형에서는 3개 또는 4개의 점이 한 직선 위에 있는 경우는 삼각형을 만들 수 없으므로 제외합니다. 아래의 그림과 같이 점 3개가 한 직선 위에 있는 빨간색 선분의 개수는 총 9개이고 점 4개가 한 직선 위에 있는 파란색 선분의 개수는 총 2개입니다.

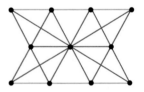

③ 위에서 구한 2개의 파란색 선분에서 4개의 점이 원 위에 있을 때, 세 점을 연결하여 만들 수 있는 모든 삼각형의 개수를 구합니다. 원 위에서 선분은 4 × 3 ÷ 2 = 6개이므로 삼각형의 개수는 6 × 2 ÷ 3 = 4개입니다. 9개의 빨간색 선분에서 3개의 점이 원 위에 있을 때, 세 점을 연결하여 만들 수 있는 삼각형의 개수는 1개입니다. 따라서 총 삼각형의 개수에서 9 × 1 + 4 × 2 = 17개를 빼야 합니다.

④ 정삼각형이 아닌 삼각형의 개수이므로 아래와 같이 초록색의 정삼각형의 개수를 각각 구하고 전체 삼각형의 개수에서 빼야 합니다.

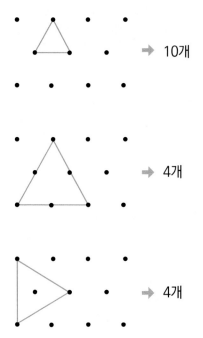

→ 10개

→ 4개

→ 4개

⑤ 총 삼각형의 개수에서 17 + 10 + 4 + 4 = 35개를 빼면 정삼각형이 아닌 삼각형의 개수를 구할 수 있습니다.
따라서 165 − 35 = 130개입니다. (정답)

연습문제   05   ·········· P. 71

[정답] 50개

[풀이 과정]

① 정사각형은 한 변의 길이가 모두 같아야 합니다. 따라서 1 × 1 정사각형의 개수는 모두 16개, 2 × 2 정사각형의 개수는 모두 9개, 3 × 3 정사각형의 개수는 모두 4개, 4 × 4 정사각형의 개수는 1개의 정사각형을 찾을 수 있습니다.

② 아래의 그림과 같은 정사각형의 개수를 각각 구합니다.

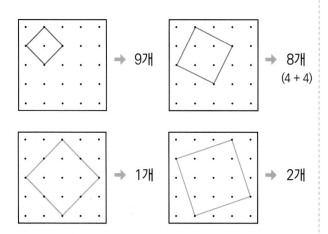

→ 9개   → 8개 (4 + 4)

→ 1개   → 2개

③ 따라서 총 정사각형의 개수는
16 + 9 + 4 + 1 + 9 + 8 + 1 + 2 = 50개입니다. (정답)

연습문제   06   ·········· P. 71

[정답] 24개

[풀이 과정]

① 아래의 그림과 같이 원 위의 12개의 점에 알파벳 A 부터 L 까지 적고 두 점을 이어 대각선을 긋습니다. 이 중에서 가장 작은 각 1개로 이루어진 각 AOB, 각 BOC 와 같은 예각을 총 12개를 찾을 수 있습니다.

② 가장 작은 각 2개로 이루어진 각 AOC, 각 BOD 와 같은 예각을 총 12개를 찾을 수 있습니다.

③ 가장 작은 각 3개 이상으로 이루어진 각은 예각이 아니므로 제외합니다.

④ 따라서 총 예각의 개수는 12 + 12 = 24개입니다. (정답)

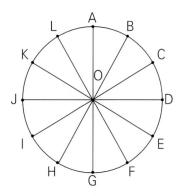

연습문제   07   ·········· P. 72

[정답] 31개

[풀이 과정]

① 먼저 7개의 점이 원 위에 있다고 하여, 세 점을 연결하여 만들 수 있는 삼각형의 개수를 구합니다. 7개의 점이 원 위에 있을 때, 선분의 개수는 7 × 6 ÷ 2 = 21개입니다.
따라서 삼각형의 개수는 21 × 5 ÷ 3 = 35개입니다.

② 하지만 주어진 도형에서는 4개의 점이 한 직선 위에 있을 때를 제외해야 합니다. 4개의 점이 원 위에 있을 때, 세 점을 연결하여 만들 수 있는 삼각형의 개수를 구합니다. 선분의 개수가 4 × 3 ÷ 2 = 6이므로 삼각형의 개수는 6 × 2 ÷ 3 = 4개입니다.

③ 따라서 7개의 점이 원 위에 있을 때의 삼각형의 개수에서 4개의 점이 원 위에 있을 때의 삼각형의 개수를 빼면 35 − 4 = 31개입니다. (정답)

연습문제 08 ·········· P. 72

[정답] 123개

[풀이 과정]

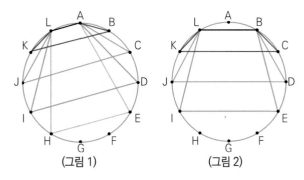

(그림 1)   (그림 2)

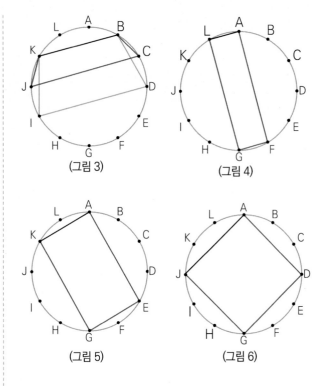

(그림 3)   (그림 4)

(그림 5)   (그림 6)

① (그림 1)에서 선분 AL 을 기준으로 등변사다리꼴을 총 4가지 만들 수 있습니다. 따라서 원 위에서 선분 AL 과 같은 선분의 개수는 총 12개이므로 4 × 12 = 48개입니다.

② (그림 2)에서 선분 BL 을 기준으로 등변사다리꼴을 총 3가지 만들 수 있습니다. 따라서 원 위에서 선분 BL 과 같은 선분의 개수는 총 12개이므로 3 × 12 = 36개입니다.

③ (그림 3)에서 선분 BK 를 기준으로 등변사다리꼴을 총 2가지 만들 수 있습니다. 따라서 원 위에서 선분 BK 와 같은 선분의 개수는 총 12개이므로 2 × 12 = 24개입니다.

④ (그림 4)에서 선분 AL 를 기준으로 직사각형을 총 1가지 만들 수 있습니다. 따라서 원 위에서 선분 AL 와 같은 선분의 개수는 총 12개이므로 1 × 12 = 12개입니다.

하지만 선분 FG 는 선분 AL 에서 만든 직사각형과 같으므로 2개씩 중복됩니다. 따라서 12 ÷ 2 = 6개입니다.

⑤ (그림 5)에서 선분 AK 를 기준으로 직사각형을 총 1가지 만들 수 있습니다. 따라서 원 위에서 선분 AK 와 같은 선분의 개수는 총 12개이므로 1 × 12 = 12개입니다.

하지만 선분 EG 는 선분 AK 에서 만든 직사각형과 같으므로 2개씩 중복됩니다. 따라서 12 ÷ 2 = 6개입니다.

⑥ (그림 6)에서 선분 AJ 를 기준으로 정사각형을 총 1가지 만들 수 있습니다. 따라서 원 위에서 선분 AJ 와 같은 선분의 개수는 총 12개이므로 1 × 12 = 12개입니다.

하지만 선분 AD 와 선분 DG 와 선분 GJ 는 선분 AK 에서 만든 정사각형과 같으므로 4개씩 중복됩니다.

따라서 12 ÷ 4 = 3개입니다.

⑦ 총 등변사다리꼴의 개수는 48 + 36 + 24 + 6 + 6 + 3 = 123개입니다. (정답)

연습문제 09 ·········· P. 73

[정답] 100개

[풀이 과정]

① 먼저 10개의 점이 원 위에 있다고 하고, 세 점을 연결하여 만들 수 있는 삼각형의 개수를 구합니다. 10개의 점이 원 위에 있을 때, 선분의 개수는 10 × 9 ÷ 2 = 45개입니다.

따라서 삼각형의 개수는 45 × 8 ÷ 3 = 120개입니다.

② 하지만 주어진 도형에서는 4개의 점이 한 직선 위에 있을 때를 제외해야 합니다. 아래 그림과 같이 4개의 점이 한 직선 위에 있는 파란색 선분은 총 5개입니다. 4개의 점이 원 위에 있을 때, 세 점을 연결하여 만들 수 있는 삼각형의 개수를 구합니다. 선분의 개수가 4 × 3 ÷ 2 = 6이므로 삼각형의 개수는 6 × 2 ÷ 3 = 4개입니다.

따라서 제외되는 삼각형은 총 4 × 5 = 20개입니다.

③ 따라서 10개의 점이 원 위에 있을 때의 삼각형의 개수에서 4개의 점이 원 위에 있을 때의 삼각형의 개수를 빼면

120 - 20 = 100개입니다. (정답)

[정답] 16개

[풀이 과정]

① 두 점을 이어 각각 길이가 다른 선분들은 4 × 4, 4 × 3, 4 × 2, 4 × 1 직사각형의 대각선, 3 × 3, 3 × 2, 3 × 1 직사각형의 대각선, 2 × 2, 2 × 1 직사각형의 대각선, 1 × 1 정사각형의 대각선까지 선분으로 그을 수 있습니다. 이외에도 두 점을 이어 선분의 길이가 1, 2, 3, 4 인 선분을 그을 수 있습니다. 하지만 이 중에서 나머지 한 점을 이어 이등변삼각형을 만들 수 있는 선분은 아래와 같습니다.

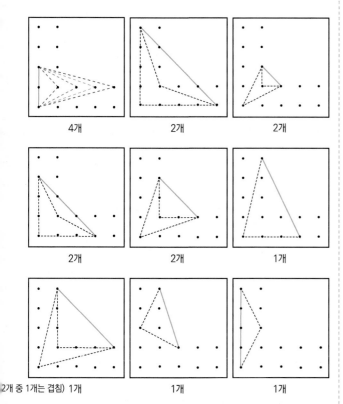

4개	2개	2개
2개	2개	1개
2개 중 1개는 겹침) 1개	1개	1개

② 위에서 찾은 선분을 밑변으로 하는 이등변삼각형의 가짓수를 구합니다. 따라서 점을 이어 만든 이등변삼각형은 총
4 + 2 + 2 + 2 + 1 + 2 + 1 + 1 + 1 = 16가지 입니다.
(정답)

[정답] 93개

[풀이 과정]

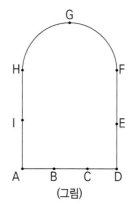

(그림)

① (그림)과 같이 각 9개의 점에 알파벳 A 부터 I 까지 붙입니다. 원 위의 9개 점 중에서 점 A 가 없다고 생각하고 8개의 점 중 세 점을 이어 만들 수 있는 삼각형의 개수를 구합니다.
먼저 8개 점을 이어 만들 수 있는 선분의 개수는
(점의 개수) × (점의 개수 − 1) ÷ 2 = 8 × 7 ÷ 2 = 28개입니다.
8개 점으로 만들 수 있는 삼각형의 개수는
(선분의 개수) × (점의 개수 − 2) ÷ 3 = 28 × 6 ÷ 3 = 56개입니다.

② ①에서 제외한 한 점 A 와 원 위에 삼각형의 세 점과 연결하면 사각형이 나옵니다. 점 A 를 포함하는 사각형의 개수는 모두 56개입니다. 이와 같은 방법으로 9개의 점을 이어 만들 수 있는 사각형의 개수는 56 × 9 = 504개입니다.
하지만 원 위에서 만들 수 있는 사각형 504개 중에 사각형 ABFG, BFGA, FGAB, GABF 와 같은 사각형이 4개씩 있습니다.
따라서 원 위에 9개 점에서 만들 수 있는 사각형의 개수는 504 ÷ 4 = 126개입니다.

③ 하지만 주어진 도형에서는 4개의 점이 한 직선 위에 있는 경우와 3개의 점이 한 직선 위에 있고 나머지 점을 선택하는 경우를 제외해야합니다.
따라서 4개의 점이 한 직선 위에 있는 선분은 1가지 입니다.
3개의 점이 한 직선 위에 있는 경우는 (A, H, I), (D, E, F), (A, B, C), (A, C, D), (B, C, D), (A, B, D)입니다.
(A, H, I)와 (D, E, F) 일 때, 나머지 점 중에 한 개를 선택하는 경우는 각각 6가지입니다.
(A, B, C), (A, C, D), (B, C, D), (A, B, D) 일 때, 나머지 점 중에서 한 개를 선택하는 경우는 각각 5가지입니다.
따라서 총 1 + 6 + 6 + 5 + 5 + 5 + 5 = 1 + 12 + 20 = 33가지를 전체 사각형의 개수에서 빼야 합니다.

④ 따라서 9개의 점이 원 위에 있을 때의 사각형의 개수에서 4개의 점이 한 직선 위에 있는 경우와 3개의 점이 한 직선 위에 있고 나머지 점을 선택하는 경우의 개수를 빼면
126 − 33 = 93개입니다. (정답)

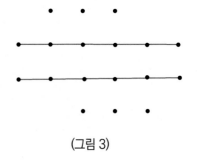

(그림 3)

심화문제 **02** .... P. 74

[정답] 750개

[풀이 과정]

① 먼저 18개의 점이 원 위에 있을 때, 세 점을 연결하여 만들 수 있는 삼각형의 개수를 구합니다. 18개의 점이 원 위에 있을 때, 선분의 개수는 18 × 17 ÷ 2 = 153개입니다.

따라서 삼각형의 개수는 153 × 16 ÷ 3 = 816개입니다.

② 하지만 주어진 도형에서는 3, 4, 6개의 점이 한 직선 위에 있을 때를 각각 제외해야합니다.

　ⅰ. (그림 1)과 같이 3개의 점이 한 직선 위에 있는 경우는 파란색, 노란색, 초록색 선분으로 총 14개입니다. 따라서 모든 선분에서 삼각형은 총 1 × 14 = 14개입니다.

　ⅱ. (그림 2)와 같이 4개의 점이 한 직선 위에 있는 경우는 주황색 선분으로 총 3개입니다.

　　각 선분에서 4개의 점이 원 위에 있을 때, 세 점을 연결하여 만들 수 있는 삼각형의 개수를 구합니다.

　　선분의 개수가 4 × 3 ÷ 2 = 6이므로 삼각형의 개수는 6 × 2 ÷ 3 = 4개입니다.

　　따라서 주황색 선분에서 삼각형은 총 4 × 3 = 12개입니다.

　ⅲ. (그림 3)과 같이 6개의 점이 한 직선 위에 있는 경우는 빨간색 선분으로 총 2개입니다.

　　각 선분에서 6개의 점이 원 위에 있을 때, 세 점을 연결하여 만들 수 있는 삼각형의 개수를 구합니다.

　　선분의 개수가 6 × 5 ÷ 2 = 15이므로 삼각형의 개수는 15 × 4 ÷ 3 = 20개입니다.

　　따라서 빨간색 선분에서 삼각형은 총 20 × 2 = 40개입니다.

③ 따라서 ①에서 구한 삼각형 개수에서 ②에서 구한 한 직선 위에 있을 때의 삼각형의 개수를 빼면

816 - 14 - 12 - 40 = 750개입니다. (정답)

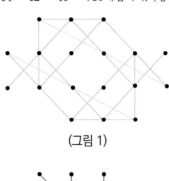

(그림 1)

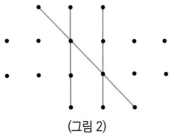

(그림 2)

심화문제 **03** .... P. 75

[정답] 직각삼각형 = 60개,　　둔각삼각형 = 120개
　　　 예각삼각형 = 40개,　　정삼각형 = 4개,
　　　 이등변삼각형 = 52개

[풀이 과정]

① 원 위에 12개에서 세 점을 연결하여 만들 수 있는 삼각형의 개수를 구합니다. 먼저 선분의 개수는 12 × 11 ÷ 2 = 66개입니다.

따라서 만들 수 있는 총 삼각형의 개수는 66 × 10 ÷ 3 = 220개입니다.

② 직각삼각형은 원의 중심을 지나도록 대각선을 그으면 아래의 그림과 같이 대각선을 기준으로 왼쪽과 오른쪽에 각각 5개의 직각삼각형이 있습니다.

총 대각선을 6개 그을 수 있으므로 총 직각삼각형의 개수는 10 × 6 = 60개입니다.

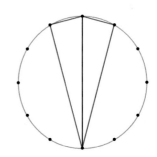

③ 둔각삼각형은 직각삼각형과 같은 방법으로 대각선을 그은 후 점 A를 기준으로 오른쪽의 5개 점 중에서 2개를 선택합니다. 대각선의 왼쪽과 오른쪽을 모두 선택하여 둔각삼각형을 만들면 중복이 발생되므로 오른쪽만 선택합니다.

따라서 아래의 그림과 같은 노란색 둔각삼각형은
5 × 4 ÷ 2 = 10개가 있습니다.

원 위에 A와 같은 점이 총 12개 있기 때문에
총 둔각삼각형의 개수는 12 × 10 = 120개입니다.

A

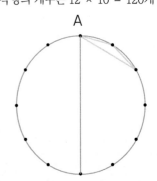

④ 예각삼각형은 총 삼각형의 개수에서 직각삼각형의 개수
  와 둔각삼각형의 개수를 빼면 됩니다.
  따라서 총 예각삼각형 개수는 220 − 60 − 120 = 40개입니다.
⑤ 정삼각형은 아래의 그림과 같이 12개의 점 위에서 3개의
  점을 연결합니다.
  따라서 총 정삼각형 개수는 12 ÷ 3 = 4개입니다.

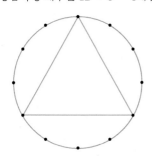

⑥ 이등변삼각형은 아래의 그림과 같이 원의 중심을 지나도
  록 대각선을 긋고 한 꼭짓점 A 를 기준으로 왼쪽과 오른쪽
  의 대각선의 길이가 같도록 연결합니다. 초록색 삼각형과
  같은 이등변삼각형이 5개씩 있습니다.
  총 대각선을 6개 그을 수 있고 각 대각선에서 뒤집으면 이
  등변삼각형이 또 나오기 때문에 2배를 해야합니다.
  하지만 정삼각형이 각 경우에서 2번씩 중복되므로 ⑤에서
  구한 정삼각형의 개수인 4개를 2번씩 빼야 합니다.
  따라서 이등변삼각형의 개수는
  5 × 6 × 2 − 4 × 2 = 52개입니다.

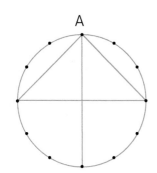

심화문제 **04** ·········· P. 75

[정답] 900개

[풀이 과정]

① 먼저 19개의 점이 원 위에 있을 때, 세 점을 연결하여 만들
  수 있는 삼각형의 개수를 구합니다. 19개의 점이 원 위에
  있을 때, 선분의 개수는 19 × 18 ÷ 2 = 171개입니다.
  따라서 삼각형의 개수는 171 × 17 ÷ 3 = 969개입니다.

② 하지만 주어진 도형에서는 3, 4, 5개의 점이 한 직선 위에
  있을 때를 각각 제외해야합니다.

  ⅰ. (그림 1)과 같이 3개의 점이 한 직선 위에 있는 경우는
    파란색, 노란색, 빨간색 선분으로 총 15개입니다. 따라
    서 모든 선분에서 삼각형은 총 1 × 15 = 15개입니다.

  ⅱ. (그림 2)과 같이 4개의 점이 한 직선 위에 있는 경우는
    초록색 선분으로 총 6개입니다. 각 선분에서 4개의 점
    이 원 위에 있을 때, 세 점을 연결하여 만들 수 있는 삼
    각형의 개수를 구합니다.
    선분의 개수가 4 × 3 ÷ 2 = 6이므로 삼각형의 개수는
    6 × 2 ÷ 3 = 4개입니다.
    따라서 초록색 선분에서 삼각형은 총 6 × 4 = 24개입
    니다.

  ⅲ. (그림 3)과 같이 5개의 점이 한 직선 위에 있는 경우는
    주황색 선분으로 총 3개입니다. 각 선분에서 5개의 점
    이 원 위에 있을 때, 세 점을 연결하여 만들 수 있는 삼
    각형의 개수를 구합니다.
    선분의 개수가 5 × 4 ÷ 2 = 10이므로 삼각형의 개수
    는 10 × 3 ÷ 3 = 10개입니다. 따라서 주황색 선분에
    서 삼각형은 총 10 × 3 = 30개입니다.

③ 따라서 ①에서 구한 삼각형의 개수에서 ②에서 구한 한 직
  선 위에 점이 있을 때의 삼각형의 개수를 빼면
  969 − 15 − 24 − 30 = 900개입니다. (정답)

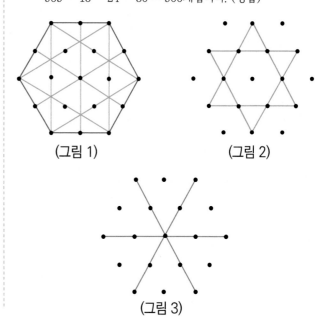

(그림 1)   (그림 2)

(그림 3)

창의적문제해결수학 **01** .... P. 76

[정답] 9개

[풀이 과정]

① (그림 1)과 같이 노란색, 파란색, 핑크색, 주황색, 초록색
의 정육각형을 그립니다. 따라서 각 정육각형 안에서 작은
정삼각형 6개가 한 꼭짓점에서 만나는 빨간색 점 7개를
없애면 정삼각형을 만들 수 없습니다.

② (그림 2)에서 두 개의 정삼각형을 그릴 수 있습니다. 따라
서 정삼각형의 한 꼭짓점인 파란색 점 2개를 없애면 정삼
각형을 만들 수 없습니다.

③ 따라서 총 9개의 바둑돌을 알알이가 가져갔습니다.

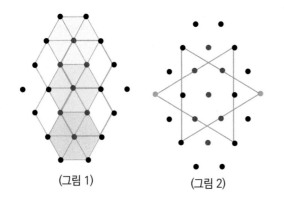

(그림 1)   (그림 2)

창의적문제해결수학 **02** .... P. 77

[정답] 28개

[풀이 과정]

① 선분 3개와 직각 2개가 되도록 점 4개를 연결하는 방법은
아래와 같이 3가지가 있습니다.

② 각 방법에서 도형을 회전하거나 뒤집어서 나오는 개수를
각각 구합니다.

③ 따라서 총 8 + 16 + 4 = 28개입니다.

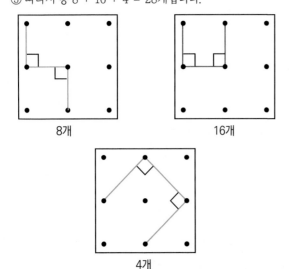

8개   16개

4개

5. 정육면체

대표문제 1 확인하기 1 .... P. 83

[정답] 12, 15, 16

[풀이 과정]

① 아래의 그림과 같이 ㉠, ㉡, ㉢ 의 정육면체의 전개도를 만
듭니다. 정육면체 전개도를 접을 때, 가장 윗면에 놓이는
수를 9라고 생각하면 파란색에 옆면에는 5, 8, 7, 11 이 한
개씩 들어갑니다.

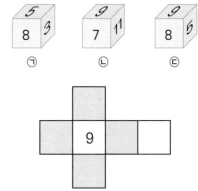

㉠   ㉡   ㉢

	9		

② ㉠ 의 정육면체를 오른쪽으로 한번 굴리면 ㉢ 의 정육면체
가 나와야합니다. 따라서 3의 마주보는 면은 9입니다.

③ 7과 11, 8과 5는 정육면체 전개도에서 붙였을 때 옆에 있
어야합니다. 따라서 아래의 (맞는 그림)과 같이 수들을 배
치해야합니다. 만약 (틀린 그림 예)와 같이 배치를 한다면
㉡ 과 ㉢ 의 정육면체의 모양이 나오지 않으므로 7 의 마
주보는 면은 8이고 5의 마주보는 면은 11입니다.

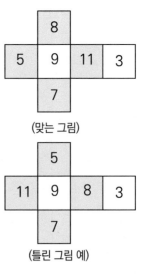

(맞는 그림)

(틀린 그림 예)

④ 따라서 주어진 정육면체에서 3은 9, 7은 8, 5는 11을 마주
보는 면입니다. 마주보는 면에 쓰인 수의 합을 구하면
3 + 9 = 12, 7 + 8 = 15, 5 + 11 = 16입니다.

[정답] 풀이 과정 참조

[풀이 과정]

① 아래의 그림과 같이 주사위의 전개도를 접었을 때, 1과 마주보는 면은 파란색입니다. 따라서 파란색 면에는 6의 눈이 들어갑니다. 분홍색과 노란색 면도 서로 마주보는 면입니다.

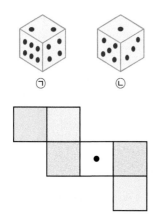

② 주사위 ㉡에서 5와 3은 전개도에서 붙였을 때 옆에 있어야합니다. 따라서 (그림 1)과 같이 눈을 그려 넣어야합니다. 이 외에도 (그림 2)와 같이 배치를 한다면 ㉠과 ㉡의 주사위의 모양이 나옵니다. 이외에도 2가지가 있으므로 총 4가지 경우의 전개도의 빈 칸에 눈을 그려넣을 수 있습니다.

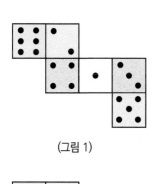

(그림 1)

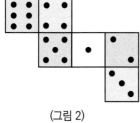

(그림 2)

[정답] 풀이 과정 참조

[풀이 과정]

① (그림 1)과 같이 정육면체의 윗 면에 세 점은 각각 A, B, C입니다. (그림 2)와 같이 전개도를 접었을 때 만나는 점들을 점선으로 연결합니다.

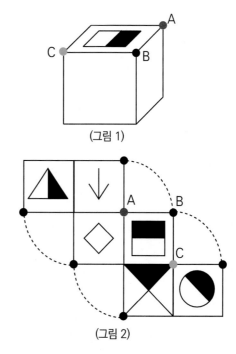

② (그림 2)의 점선을 따라 선분 AB 와 선분 BC 는 (그림 3)과 같이 두 개의 그림과 각각 만납니다.

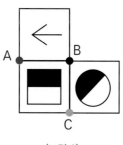

(그림 3)

③ 따라서 (그림 3)의 모양을 정육면체에 앞면과 옆면에 그려넣으면 (그림 4)의 모양이 완성됩니다.

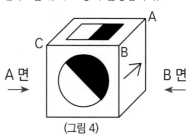

(그림 4)

정답 및 풀이

[정답] 눈의 수 = 6 , 전개도 : 풀이 과정 참조

[풀이 과정]

① 주사위에 마주보는 두 면의 합이 7이므로 (1, 6), (2, 5), (3, 4) 으로 마주보는 세 쌍입니다. (그림 1)과 같은 전개도에서 마주보는 면을 같은 색으로 색칠하면 파란색, 노란색, 초록색으로 색칠할 수 있습니다.

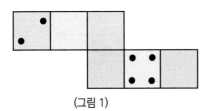

(그림 1)

② 마주보는 두 면의 합이 7이므로 노란색은 주사위 눈 3, 파란색은 주사위 눈 5가 들어갑니다. 나머지 초록색에는 (1, 6) 이 들어갑니다. (그림 2)의 주사위 눈 모습을 통해서 전개도의 주사위 눈 5 아래에는 반드시 주사위 눈 6이 들어갑니다.

(그림 2)

③ 아래와 같이 전개도를 완성한 후 이 전개도를 선에 따라 접으면 (정답)과 같은 정육면체가 나옵니다.

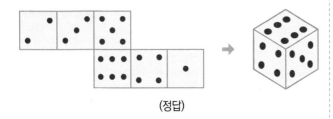

(정답)

[정답] ③

[풀이 과정]

① (그림 1)과 같이 전개도를 접었을 때 만나는 점들을 점선으로 연결합니다. 주어진 각 정육면체의 앞 면과 똑같게 전개도를 접어 바라본 방향을 생각합니다.

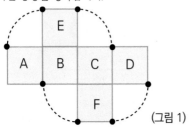

(그림 1)

② 첫 번째 정육면체는 (그림 1)을 앞면이 C 가 되도록 접었을 때, (그림 2)와 같이 윗면이 E 로 바뀝니다. 따라서 첫 번째 정육면체는 (그림 1)의 전개도로 만든 정육면체가 아닙니다.

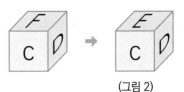

(그림 2)

③ 두 번째 정육면체는 (그림 1)을 앞면이 A 가 되도록 접었을 때, (그림 3)과 같이 윗면과 옆면이 서로 바뀝니다. 따라서 두 번째 정육면체는 (그림 1)의 전개도로 만든 정육면체가 아닙니다.

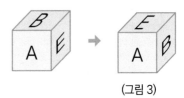

(그림 3)

④ 따라서 세 번째 정육면체가 (그림 1)의 전개도로 만든 정육면체 입니다. (정답)

[정답] 14

[풀이 과정]

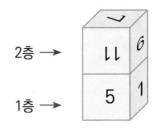

① 정육면체에 1, 3, 5, 7, 9, 11이 한 면에 한 번씩 적혀있고 마주보는 두 면의 합이 모두 같으므로 (1, 11), (3, 9), (5, 7) 으로 마주보는 세 쌍입니다.

② 2층 정육면체의 윗면이 7이므로 마주보는 면은 5입니다. 1층에 있는 정육면체의 옆면이 1이므로 마주보는 면은 11입니다. 따라서 2층 정육면체에 앞면에 11이고 옆면의 9이므로 1층 정육면체의 윗면은 9가 됩니다.

③ 따라서 두 정육면체가 맞닿은 면의 적힌 수는 5와 9이므로 두 수를 합하면 14입니다. (정답)

[정답] 풀이 과정 참조

[풀이 과정]

(그림 1)　　　(그림 2)　　　(그림 3)

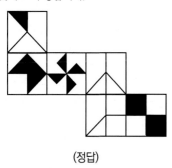

(그림 4)

① (그림 4)와 같이 전개도를 접었을 때 만나는 점들을 점선으로 연결한 후 ◸을 마주보는 면은 파란색, ◼을 마주보는 면은 초록색, 나머지 두 면은 노란색으로 색칠할 수 있습니다.

② (그림 1)을 오른쪽으로 한 번 굴리면 (그림 3) 이 나옵니다. 따라서 ◲와 ◺는 서로 마주보는 면입니다. (그림 2)를 왼쪽으로 한 번 굴리고 위쪽으로 한 번 굴리면 (그림 3) 이 나옵니다. 따라서 ✦와 ◼는 서로 마주보는 면입니다. 나머지 ◸와 ◢는 서로 마주보는 면입니다.

③ 따라서 아래의 (정답)와 같이 전개도에 서로 마주보는 면을 방향에 맞게 그려 넣습니다.

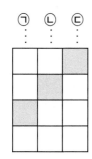

(정답)

[정답] 3가지

[풀이 과정]

　　　　ㄱ　ㄴ　ㄷ

① ㄴ 줄에서 빈칸 3 칸을 모두 칠하는 경우는 (그림 1)과 같은 정육면체 전개도입니다.

② ㄴ 줄에서 빈칸 2 칸을 칠하고 ㄷ 줄에서 빈칸 1 칸을 칠하는 경우는 (그림 2)와 같이 정육면체 전개도입니다.

③ ㄱ, ㄴ, ㄷ 의 각 줄에서 1 칸씩 칠하는 경우는 (그림 3)과 같이 정육면체 전개도입니다.

④ 따라서 아래와 같은 3가지의 전개도를 만들 수 있습니다.

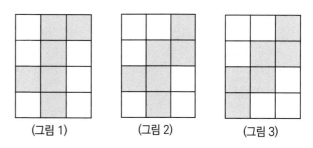

(그림 1)　　　　(그림 2)　　　　(그림 3)

[정답] 가장 클 때 = 28, 가장 작을 때 = 23

[풀이 과정]

① (그림 1)과 같이 전개도를 접었을 때 만나는 점들을 점선으로 연결합니다.

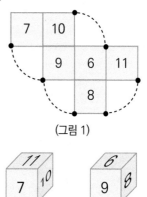

(그림 1)

<table>
<tr><td></td><td>11</td><td></td></tr>
<tr><td>7</td><td>10</td><td></td></tr>
</table>

(그림 2)　　　(그림 3)

② 정육면체의 꼭짓점의 개수가 8개이므로 한 꼭짓점에서 만나는 세 면에 적힌 수들은 모두 8가지가 있습니다. 예를 들어 (7, 8, 9), (8, 7, 11)과 같이 세 면의 적힌 수들의 순서쌍입니다.

③ 이 순서쌍들 중에서 더했을 때 가장 큰 값은 (그림 2)의 경우 (7, 10, 11) 입니다. 가장 작은 값은 (그림 3)의 경우 (6, 8, 9) 입니다.
(그림 2)와 (그림 3) 은 전개도를 접었을 때 수의 방향을 생각하지 않은 정육면체 모양입니다.

④ 따라서 세 면의 적힌 수의 합이 가장 클 때는 7 + 10 + 11 = 28이고 가장 작을 때는 6 + 8 + 9 = 23 입니다. (정답)

정답 및 풀이

연습문제 07 .... P. 88

[정답] (빨간색, 파란색), (노란색, 검은색), (초록색, 흰색)

[풀이 과정]

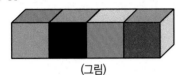

(그림)

① 먼저 (그림)에서 보이는 면 중에서 가장 많이 색칠되어있는 색을 찾습니다. 초록색 면은 빨간색, 노란색, 검은색, 파란색이 모두 옆면으로 붙어있으므로 마주보는 면의 색은 흰색입니다.

② 노란색 면은 초록색, 빨간색, 파란색이 모두 옆면으로 붙어있고 흰색은 초록색을 마주보는 면이므로 마주보는 면의 색은 검은색입니다.

③ 따라서 나머지 빨간색은 파란색을 마주보는 면의 색입니다.

연습문제 08 .... P. 88

[정답] 4

[풀이 과정]

① 주사위에 마주보는 두 면의 합이 7이므로 (1, 6), (2, 5), (3, 4) 으로 마주보는 세 쌍입니다.

② ㉠ 방향으로 2번 굴렸을 때, 주사위 윗면에 나오는 눈의 수는 6입니다. 이어서 ㉡ 방향으로 3번 굴렸을 때, 주사위 윗면에 나오는 눈의 수는 3입니다. 이어서 ㉢ 방향으로 2번 굴렸을 때, 주사위 윗면에 나오는 눈의 수는 4입니다.

③ 따라서 마지막에 주사위 윗면에 나오는 눈의 수는 4입니다.

(정답)

연습문제 09 .... P. 89

[정답] 풀이 과정 참조

[풀이 과정]

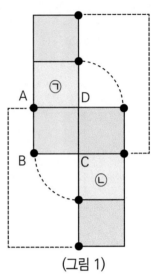

(그림 1)

① (그림 1)과 같이 전개도를 접었을 때 만나는 점들을 점선으로 연결합니다. 따라서 오른쪽의 전개도에서 마주보는 면을 같은 색으로 색칠하면 파란색, 노란색, 초록색으로 색칠할 수 있습니다.

② (그림 2)와 같이 정사각형 ABCD 에서 각 변의 중점이 되는 점 E, F, G, H 를 찍어 빨간색 선으로 연결합니다. 파란색 면에 (그림 2)를 그려 넣습니다.

③ 모든 초록색 면과 ㉡ 노란색 면에는 (그림 3)과 같은 모양을 그려 넣습니다. ㉠ 노란색 면에는 (그림 4)와 같은 모양을 그려 넣습니다.

④ 따라서 (정답)과 같이 전개도에 빨간색 선으로 연결하여 완성합니다.

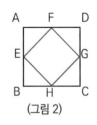  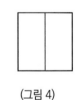

(그림 2)   (그림 3)   (그림 4)

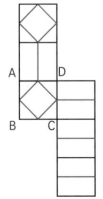

(정답)

[정답] 25

[풀이 과정]

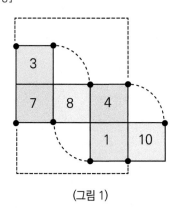

(그림 1)

① (그림 1)과 같이 전개도를 접었을 때 만나는 점들을 점선으로 연결합니다. 위의 전개도에서 마주보는 면을 같은 색으로 색칠하면 파란색, 노란색, 초록색으로 색칠할 수 있습니다. 따라서 마주보는 순서쌍은 (1, 3), (8, 10), (4, 7)입니다.

② 아래의 (그림 2)와 (그림 3) 은 전개도를 접고 회전했을 때 수의 방향을 생각하지 않은 정육면체 모양입니다. (그림 ②와 (그림 3)을 통해서 각 정육면체의 윗면에 적힌 수를 보고 파란색 바닥면에 닿는 수를 구합니다.

③ 따라서 파란색 바닥면에 닿은 정육면체에 적힌 수은 7, 3, 4, 10, 1이므로 모두 더하면 7 + 3 + 4 + 10 + 1 = 25입니다. (정답)

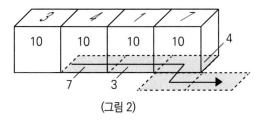

(그림 2)

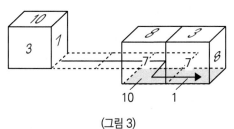

(그림 3)

[정답] 35

[풀이 과정]

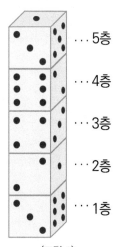

(그림 1)

① (그림 1)에서 보이는 면 중에서 가장 많이 적혀있는 주사위 눈의 수를 찾습니다. 주사위 눈 3은 1, 5, 4, 6이 모두 옆면으로 붙어있으므로 마주보는 눈의 수는 2입니다.

② 1층에 있는 주사위와 5층에 있는 주사위 눈 3의 방향을 보면 6의 눈은 1을 마주보지않고 5를 마주보게됩니다. 따라서 (6, 5), (1, 4)는 서로 마주보는 쌍입니다.

③ (그림 2)와 같이 왼쪽, 밑, 뒤에서 본 모양을 생각하여 주사위 5개가 붙어있는 면에 적힌 수를 구합니다.

④ 5층에 놓인 주사위의 밑면은 4이고, 4층에 놓인 주사위의 밑면과 윗면은 각각 1과 4입니다. 3층에 놓인 주사위의 밑면과 윗면은 각각 5와 6입니다. 2층에 놓인 주사위의 밑면과 윗면은 각각 6 과 5입니다. 1층에 놓인 주사위의 윗면은 4입니다.

⑤ 따라서 각 붙어있는 수를 더하면
4 + 1 + 4 + 5 + 6 + 6 + 5 + 4 = 35입니다. (정답)

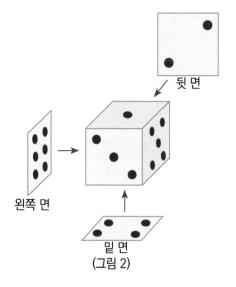

(그림 2)

[정답] 3

[풀이 과정]

① (그림)과 같이 ㉠ 부터 ㉤ 까지 각 정육면체에 기호를 붙입니다. 파란색 면에 2가 적혀있으므로 ㉠ 정육면체에서 마주보는 면은 5입니다.

㉠ 정육면체와 ㉡ 정육면체가 붙어서 5 + 3 = 8이므로 붙어있는 면에는 3 를 적습니다.

㉡ 정육면체에서 3이 적힌 면을 마주보는 면은 4가 됩니다. ㉡ 정육면체와 ㉢ 정육면체가 붙어서 4 + 4 = 8이므로 붙어있는 면에는 4를 적습니다.

㉢ 정육면체에서 4가 적힌 면을 마주보는 면은 3이 됩니다.

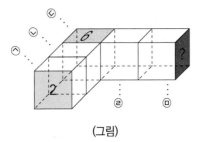

(그림)

② 노란색 면에 6이 적혀있으므로 ㉢ 정육면체에서 밑면은 1이 됩니다.

따라서 왼쪽과 오른쪽 옆면에 (3, 4) 를 제외한 (2, 5) 가 들어갑니다.

ⅰ. ㉢ 정육면체의 왼쪽 옆면이 5일 경우

오른쪽 옆면은 2이고 ㉢ 정육면체와 ㉣ 정육면체가 붙어서 2 + 6 = 8이므로 붙어있는 면에는 6을 적습니다.

㉣ 정육면체에서 6이 적힌 면을 마주보는 면은 1이 됩니다. ㉣ 정육면체와 ㉤ 정육면체가 붙어서 1 + 7 = 8이므로 붙어있는 면에는 7을 적습니다.

하지만 7은 정육면체의 면에 들어가지 않으므로 왼쪽 옆면에는 5가 아닙니다.

ⅱ. ㉢ 정육면체의 왼쪽 옆면은 2일 경우

오른쪽 옆면은 5이고 ㉢ 정육면체와 ㉣ 정육면체가 붙어서 5 + 3 = 8이므로 붙어있는 면에는 3을 적습니다.

㉣ 정육면체에서 3이 적힌 면을 마주보는 면은 4가 됩니다. ㉣ 정육면체와 ㉤ 정육면체가 붙어서 4 + 4 = 8이므로 붙어있는 면에는 4를 적습니다.

㉤ 정육면체에서 4가 적힌 면을 마주보는 면은 3이 됩니다.

③ 위의 ②에서 ⅱ.의 경우에 따라 빨간색 면에는 3이 들어갑니다. (정답)

[정답] 92

[풀이 과정]

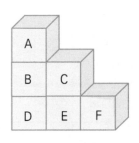

(그림)

① (그림 1)과 같이 각 주사위 6개의 알파벳 A 부터 F 까지 적습니다. 정면에서 보이는 6개 정사각형과 뒷면에서 보이지 않는 6개 정사각형에 적힌 모든 수의 합은 주사위끼리 맞닿은 면이 없고 앞면과 뒷면의 합은 7이므로 6 × 7 = 42입니다.

② 맞닿은 면에 적힌 수가 같으므로 A주사위의 윗면에 6이 들어가면 D주사위의 밑면에는 반드시 1이 나옵니다. 이와 마찬가지로 F주사위의 오른쪽 옆면에 3이 들어가면 D주사위의 왼쪽 옆면에는 반드시 4가 나옵니다.

따라서 A주사위의 윗면과 D주사위의 밑면의 합은 최대 7입니다. 이와같이 F주사위 오른쪽 옆면과 D주사위의 왼쪽 옆면의 합은 최대 7입니다.

③ C주사위의 윗면에 6이 들어가면 E주사위의 밑면에는 반드시 6이 나옵니다. 이와 마찬가지로 C주사위의 오른쪽 옆면에 5가 들어가면 B주사위의 왼쪽 옆면에는 반드시 5가 나옵니다.

따라서 C주사위의 윗면과 E주사위의 밑면의 합은 최대 6 + 6 = 12입니다. 이와같이 C주사위 오른쪽 옆면과 B주사위의 왼쪽 옆면의 합은 최대 5 + 5 = 10입니다.

④ 나머지 F 의 윗면과 아랫면의 합이 최대 7입니다. 이와 마찬가지로 A 의 왼쪽 옆면과 오른쪽 옆면의 합도 최대 7입니다.

⑤ 위의 ① 부터 ④ 까지 구한 합을 더하면 42 + 7 + 7 + 12 + 10 + 7 + 7 = 92입니다.

⑥ 예를 들어 (그림 2)와 같이 주사위의 수를 적는다면 겉면 (밑면 포함)에 적힌 눈의 수의 합이 92 로 가장 커지게 됩니다.

(그림 2) 이외에도 수의 배열을 바꾸면 겉면에 적힌 눈의 수의 합이 92가 되게 만들 수 있습니다.

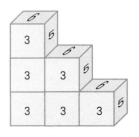

(그림 2)

[정답] 65

[풀이 과정]

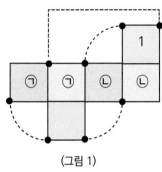

(그림 1)

① (그림 1)과 같이 전개도를 접었을 때 만나는 점들을 점선으로 연결합니다. 전개도에서 마주보는 면을 같은 색으로 칠하면 파란색, 노란색, 초록색으로 칠할 수 있습니다.

② (그림 2)에서 세 면에 각각 1, 3, 4가 적혀있는 정육면체와 세 면에 각각 2, 3, 4가 적혀있는 정육면체를 비교하면 1을 마주보는 면에는 2가 적혀있습니다.
따라서 파란색 면에는 2가 들어갑니다.

③ (그림 2)의 두 면에 각각 1과 4가 적혀있는 정육면체와 (그림 1)의 정육면체 전개도를 비교하여 4는 ㉠의 노란색에 들어갑니다. 세 면에 2, 3, 4가 적혀있는 정육면체와 (그림 1)의 정육면체 전개도를 비교하면 3은 ㉠의 초록색에 들어갑니다.

④ (그림 3)에서 밑면에 적힌 수가 6인 경우에 세 면의 2, 3, 4가 적힌 정육면체와 비교하면 6은 4와 마주보는 면에 적힌 수입니다.
따라서 3은 마주보는 면에 5가 적혀있습니다.

⑤ 위의 풀이 과정에 따라 전개도에 수를 적으면 (그림 4)와 같은 모양의 정육면체와 전개도를 만들 수 있습니다. 숫자가 적힌 방향에 유의해야합니다.

⑥ 왼쪽 아래 보이지 않는 정육면체는 (그림 6)과 같습니다.

⑦ 정육면체가 서로 붙어있는 면은 총 20개의 면입니다. 각 면의 적힌 수를 합하면
① + ~ + ⑩ = (6 + 1) + (3 + 6) + (1 + 2) + (4 + 5) + (1 + 2) + (5 + 3) + (1 + 2) + (5 + 2) + (6 + 3) + (1 + 6) = 65입니다.

⑧ 따라서 정육면체가 서로 붙어있는 면에 적힌 수의 합은 65입니다. (정답)

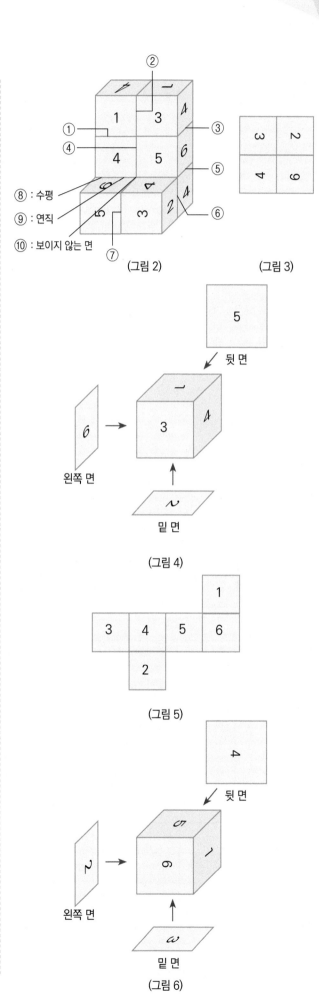

⑧ : 수평
⑨ : 연직
⑩ : 보이지 않는 면

(그림 2)

(그림 3)

(그림 4)

(그림 5)

(그림 6)

[정답] 풀이 과정 참조

[풀이 과정]

① 5 × 5 정사각형 칸에 1 부터 4 까지 수가 적혀있을 때, 그 판에서 6개의 칸을 색칠해야합니다. 이 판은 각 수가 대각선, 직선 방향으로 3번 이상 쓰여있지 않습니다.

② 이 전개도로 만든 정육면체에서 한 꼭짓점에서 만나는 세 면의 적힌 수의 곱이 모두 같은 경우는 1 × 2 × 3 = 6, 1 × 2 × 4 = 8, 1 × 3 × 4 = 12, 2 × 3 × 4 = 24입니다.

③ (그림 1)의 경우는 (1, 2, 3)의 곱으로 만든 전개도입니다.
(그림 2)의 경우는 (1, 2, 4)의 곱으로 만든 전개도입니다.
(그림 3)의 경우는 (2, 3, 4)의 곱으로 만든 전개도입니다.

④ 아래의 전개도 외에 다른 모양의 전개도를 더 만들 수 있습니다.

1	2	1	2	1
4	3	4	3	2
2	3	2	4	3
1	4	1	3	4
1	2	3	2	1

(그림 1)

1	2	1	2	1
4	3	4	3	2
2	3	2	4	3
1	4	1	3	4
1	2	3	2	1

(그림 2)

1	2	1	2	1
4	3	4	3	2
2	3	2	4	3
1	4	1	3	4
1	2	3	2	1

(그림 3)

[정답] 선분 FK, ED, CD, JK, MN, EL

[풀이 과정]

① 다음 (그림 1)과 같이 전개도를 접었을 때 만나는 점들을 점선으로 연결합니다. 오른쪽의 전개도에서 마주보는 면을 같은 색으로 색칠하면 파란색, 노란색, 초록색으로 색칠할 수 있습니다.

② (그림 1)의 전개도를 선을 따라 접으면 (그림 2)와 같은 정육면체가 나옵니다. 이 정육면체에서 빨간색 선분 AB 과 만나는 선분과 평행하는 선분을 구합니다. 만나는 선분은 선분 AF (GF), 선분 AJ (GJ), 선분 BE, 선분 BC (HI) 입니다. 평행한 선분은 선분 FE, 선분 KD (KL , KN), 선분 JC (JI , JM) 입니다.

③ 위에서 구한 선분들을 제외한 나머지 선분들은 초록색 선분 AB 와 만나지 않고 평행하지 않는 선분입니다. 따라서 선분 FK, 선분 ED, 선분 CD, 선분 JK, 선분 MN, 선분 EL 입니다.

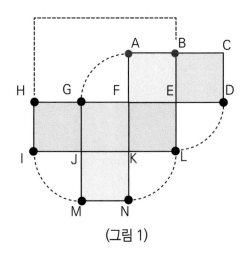

(그림 1)

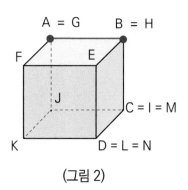

(그림 2)

창 의 영 재 수 학

아이 앤 아이

무한상상 교재 활용법

무한상상은 상상이 현실이 되는 차별화된 창의교육을 만들어갑니다.

아이앤아이 시리즈					
특목고, 영재교육원 대비서					
아이앤아이 영재들의 수학여행	아이앤아이 꾸러미	아이앤아이 꾸러미 120제	아이앤아이 꾸러미 48제	아이앤아이 꾸러미 과학대회	창의력과학 아이앤아이 I&I
수학 (단계별 영재교육)	수학, 과학	수학, 과학	수학, 과학	과학	과학

6세~초1	출시 예정	수, 연산, 도형, 측정, 규칙, 문제해결력, 워크북 (7권)				
초 1~3		수와 연산, 도형, 측정, 규칙, 자료와 가능성, 문제해결력, 워크북 (7권)				
초 3~5		수와 연산, 도형, 측정, 규칙, 자료와 가능성, 문제해결력 (6권)		수학, 과학 (2권)	수학, 과학 (2권)	과학토론 대회와 과학산출물 대회, 발명품 대회 등 대회 출전 노하우	
초 4~6		수와 연산, 도형, 측정, 규칙, 자료와 가능성, 문제해결력 (6권)				
초 6	출시 예정	수와 연산, 도형, 측정, 규칙, 자료와 가능성, 문제해결력 (6권)		수학, 과학 (2권)	수학, 과학 (2권)	
중등						물리(상,하), 화학(상,하), 생명과학(상,하), 지구과학(상,하) (8권)
고등					과학토론 대회, 과학산출물 대회, 발명품 대회 등 대회 출전 노하우	